高等职业院校互联网+新形态创新系列教材·计算机系列

Android 程序设计项目化教程
(第 2 版)

张 明 代英明 主 编

肖 峥 李荣峰 龚道侠

杨 雄 李 强

清華大學出版社

北 京

内 容 简 介

本书以培养学生动手实践能力为核心，以工作实践为主线，以大量的实用案例为基础讲解 Android Studio 开发环境搭建、Android UI 设计、Android 四大组件的使用、Android 的数据存储、Android 网络编程等方面的知识，每个章节都配以"动手实践"和"巩固训练"，学生通过练习，可以逐步提高动手实践能力，掌握相关知识，培养自主学习的能力。

本书案例丰富、实用性强，适合作为高职高专院校计算机相关专业 Android 程序设计课程的教材，也可作为 Android 程序设计自学者和应用开发者的参考用书。

图书在版编目(CIP)数据

Android 程序设计项目化教程/张明，代英明主编. —2 版. —北京：清华大学出版社，2023.7
高等职业院校互联网+新形态创新系列教材. 计算机系列
ISBN 978-7-302-64070-7

Ⅰ. ①A⋯ Ⅱ. ①张⋯ ②代⋯ Ⅲ. ①移动终端—应用程序—程序设计—高等职业教育—教材
Ⅳ. ①TN929.53

中国国家版本馆 CIP 数据核字(2023)第 128663 号

责任编辑：孟　攀
装帧设计：杨玉兰
责任校对：周剑云
责任印制：曹婉颖
出版发行：清华大学出版社
　　　　　网　　　址：http://www.tup.com.cn, http://www.wqbook.com
　　　　　地　　　址：北京清华大学学研大厦 A 座　　　邮　　编：100084
　　　　　社 总 机：010-83470000　　　　　　　邮　　购：010-62786544
　　　　　投稿与读者服务：010-62776969, c-service@tup.tsinghua.edu.cn
　　　　　质量反馈：010-62772015, zhiliang@tup.tsinghua.edu.cn
　　　　　课件下载：http://www.tup.com.cn, 010-62791865
印 装 者：三河市君旺印务有限公司
经　　销：全国新华书店
开　　本：185mm×260mm　　　印　张：17　　　字　数：409 千字
版　　次：2019 年 6 月第 1 版　2023 年 8 月第 2 版　印　次：2023 年 8 月第 1 次印刷
定　　价：49.80 元

产品编号：095573-01

前　言

当前，人们的生活已经离不开智能手机和平板电脑，现在市面上的大多数智能产品使用的都是 Android 操作系统。Android 智能手机已经占据了手机的很大一部分市场。因此，需要大量懂得 Android 编程的专业人才进行手机 App 的开发与维护。

本书以二十大"加快高质量教育体系，发展素质教育"、培养高技能人才和大国工匠为重要指导思想，并把"职普融合、产教融合、科教融汇"放在首位，贯彻党的二十大精神和习近平新时代中国特色社会主义思想，坚持正确的政治方向和价值导向，遵循职业教育教学规律和人才成长规律，落实课程思政要求，符合职业院校学生认知特点，体现了先进的职业教育理念。

本书具有以下特点。

(1) 案例丰富，学习轻松。

本书给出了大量的实用案例，并把每个知识点融入案例中，每一个案例都给出了详细的开发步骤，更容易调动学生的学习兴趣，学习起来感觉更加简单，只要根据步骤操作，就可以非常轻松地掌握所学知识。

(2) 章节设计合理，配套资源完善。

所有知识按照由浅入深的次序进行安排，符合一般学习习惯。每个章节都设计了"动手实践"和"巩固训练"，"动手实践"中提供的项目，供读者有针对性地进行知识点的熟练应用，巩固训练通过练习题检验学生的学习成果。本书还配有微课视频。

(3) 注重实用。

本书在内容的选取上遵循实用够用的原则，注重学生动手实践能力和职业核心能力的培养，注重边学边做。

Android Studio 是一门实践性非常强的课程，学习时要遵循由浅入深、边学边做的原则，在学中做、在做中学，多看代码、多写代码，熟能生巧，要学会用所学知识解决实际问题，从学习中寻找程序设计的乐趣，增强学习的积极性，提高学习的信心。

本书内容共分 8 章。

第 1 章　主要介绍了 Android 的发展、Android Studio 开发环境的搭建、Android 程序的创建及组成。

第 2 章　讲解了布局的创建方法、Android 常见界面布局，以及基本的 UI 控件。

第 3 章　讲解了 Android UI 设计中高级控件及数据适配器的用法、对话框的使用、Android 信息提示控件的使用方法。

第 4 章　对 Android 动画进行了介绍，并讲解了各种动画的创建；介绍了自定义控件的创建方法，图像的绘制方法，线程及 Handler 的使用方法。

第 5 章　讲解了 Activity 的创建、数据传递、Fragment 的创建及使用方法。

第 6 章　主要讲解了后台服务与系统服务技术、广播接收者 BroadcastReceiver 的使用。

第 7 章　讲解了 SharedPreferences 存储方式、文件存储方式和 SQLite 数据库存储方式。

第 8 章　讲解了 Android 中的 Socket 网络编程和 HTTP 网络通信的知识。

本书由张明、代英明任主编，由张明统稿，第 1 章由肖峥编写，第 2 章、第 5 章、第 7 章、第 8 章由张明编写，第 3 章、第 4 章、第 6 章由代英明编写，第 8 章的 8.1 和 8.2 节由龚道侠编写；第 8 章的 8.3 节及动手实践和巩固训练由杨雄编写，本书的开发平台为 Android Studio 4.1.3，模拟器使用的是夜神模拟器 7.0，案例中的代码经测试可以正常运行。

由于作者水平有限，书中难免有不足之处，敬请读者批评指正。

编　者

目　　录

第 1 章

第一个 Android 程序

教学目标

- 了解 Android 的发展历史。
- 了解当前热门的开发工具。
- 能够搭建 Android 开发环境。
- 能够熟练创建 Android 应用程序。
- 掌握 Android 应用程序框架。

1.1 Android 简介

1.1.1 Android 发展史

Android 是基于 Linux 系统的开源操作系统，是由 Andy Rubin 于 2003 年在美国加州创建的，2005 年被 Google 收购。在 2008 年的时候发布了第一部 Android 智能手机，随后 Android 不断发展更新，占据了全球大部分的手机市场。

Android 每一个版本都会用一个按照 A～Z 开头顺序的甜品来命名，但从 Android P 之后 Google 改变了这一传统的命名规则，可能是没有那么多让人熟知的甜品代号供使用以及甜品名字并不能让人直观地了解到某一个甜品有什么特性，于是 Google 直接采用数字来命令系统，并且加深了 Logo 的颜色，不再使用甜品作为代号，如表 1-1 所示。

表 1-1 Android 的各个版本

平台版本	API	版本代号	Logo	发布日期
11.0	30	Android 11		2020
10.0	29	Android 10		2019
9.0	28	Pie(红豆派)		2018
8.0/8.1	26/27	Oreo(奥利奥饼干)		2017
7.0/7.1	24/25	Nougat(牛轧糖)		2016
6.0	23	Marshmallow(棉花糖)		2015
5.0/5.1	21/22	Lollipop(棒棒糖)		2014
4.4	19/20	Kitkat(奇巧)		2013
4.1/4.2/4.3	16/17/18	Jelly_Bean(果冻豆)		2012

续表

平台版本	API	版本代号	Logo	发布日期
4.0.x	14/15	Ice_Cream_Sandwich(冰激凌三明治)		2011
3.0/3.1/3.2	11/12/13	Honeycomb(蜂巢)		2011
2.3.x	9/10	Gingerbread(姜饼)		2010
2.2.x	8	Froyo(冻酸奶)		2010
2.0/2.1	5/6/7	Eclair(泡芙)		2009
1.6	4	Donut(甜甜圈)		2009
1.5	3	Cupcake(纸杯蛋糕)		2009

1.1.2　开发工具的选择

　　Android Studio 与 Eclipse ADT 这两个开发工具是广大 Android 工程师手头必备的工具。一个是基于开源的 Eclipse，拥有大量的用户；另一个是 Google 主推的，得到官方的强力推荐。与 Eclipse ADT 相比，Android Studio 具有以下优势。

　　(1) 稳定且速度快：使用 Eclipse 的开发人员都会碰到突然假死、卡顿、内存占用率高等一系列影响开发效率的老问题，Android Studio 在这些性能上得到了明显的提升，并且 Android Studio 使用了单项目管理模式，在启动速度上比 Eclipse 更快。

　　(2) 功能强大的 UI 编辑器：集合了 Eclipse+ADT 的优点，并且能实时地展示界面布局效果。

　　(3) 完善的插件管理：Android Studio 支持多种插件，如 Git、Markdown、Gradle 等，可直接在插件管理中下载所需的插件。

　　(4) 支持多种代码管理工具：不需要任何操作，直接支持 SVN、GitHub 等主流的代码管理工具。

　　(5) 整合了 Gradle 构建工具：Gradle 继承了 Ant 的灵活性和 Maven 的生命周期管理，不使用 XML 作为配置文件格式，采用了 DSL 格式，使得脚本更加简洁灵活。

(6) 智能：智能保存，智能补齐，在实际的编辑代码中熟练使用后，可极大地提高代码编写效率。

(7) 内置终端：不需要自己打开一个终端来使用 ADB 等工具。

(8) Google 官方支持：是 Google 官方专门为 Android 应用开发打造的利器，也是目前 Google 官方唯一推荐的，并且不再支持其他 IDE。

本书所使用的开发工具为 Android Studio 4.1.3。

1.1.3 Android 的系统架构

Android 的系统架构和其他的操作系统一样，采用分层架构，如图 1-1 所示。Android 系统架构分为 4 层，从高层到底层分别是应用程序层、应用程序框架层、系统运行库层和 Linux 核心层。下面分别介绍 Android 系统架构的 4 个分层。

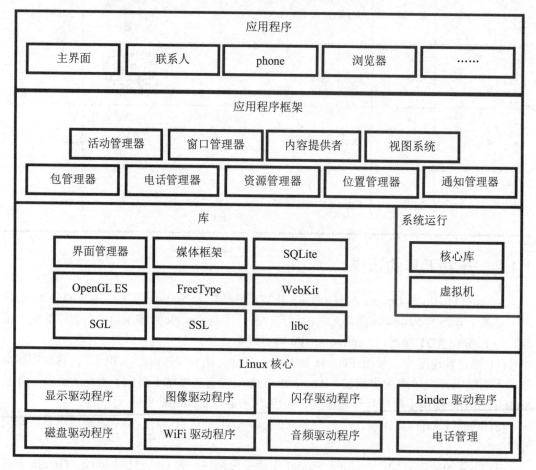

图 1-1 Android 系统架构

1) 应用程序层(Applications)

Android 会同一系列核心应用程序包一起发布，该应用程序包包括 E-mail 客户端、SMS 短消息程序、日历、地图、浏览器和联系人管理程序等。所有的应用程序都是使用 Java 语言编写的。

2) 应用程序框架层(Application Framework)

该应用程序的架构设计简化了组件的重用，任何一个应用程序都可以发布它的功能块并且任何其他的应用程序都可以使用其所发布的功能块(不过需遵循框架的安全性限制)。同样，该应用程序重用机制也使用户可以方便地替换程序组件。

隐藏在每个应用后面的是一系列的服务和系统，其中包括以下几个方面。

- 丰富而又可扩展的视图(Views)：可以用来构建应用程序，包括列表(Lists)、网格(Grids)、文本框(Text Boxes)、按钮(Buttons)，甚至可嵌入的 Web 浏览器。
- 内容提供器(Content Providers)：使得应用程序可以访问另一个应用程序的数据(如联系人数据库)，或者共享它们自己的数据。
- 资源管理器(Resource Manager)：提供非代码资源的访问，如本地字符串、图形和布局文件(Layout Files)。
- 通知管理器(Notification Manager)：使得应用程序可以在状态栏中显示自定义的提示信息。
- 活动管理器(Activity Manager)：用来管理应用程序生命周期并提供常用的导航回退功能。

3) 系统运行库层

(1) 程序库(Libraries)。

Android 包含一些 C/C++库，这些库能被 Android 系统中不同的组件使用。它们通过 Android 应用程序框架为开发者提供服务。

- 系统 C 库：一个从 BSD 继承来的标准 C 系统函数库(libc)，它是专门为基于嵌入式 Linux 设备定制的。
- 媒体库：基于 Packet Video Open Core。该库支持多种常用的音频、视频格式回放和录制，同时支持静态图像文件。编码格式包括 MPEG4、H264、MP3、AAC、AMR、JPG、PNG 等。
- Surface Manager：对显示子系统进行管理，并且为多个应用程序提供 2D 和 3D 图层的无缝融合。
- LibWebCore：一个最新的 Web 浏览器引擎，支持 Android 浏览器和一个可嵌入的 Web 视图。
- SGL：底层的 2D 图形引擎。
- 3D Libraries：基于 OpenGL ES 1.0 APIs 实现。该库可以使用硬件 3D 加速(如果可用)或者使用高度优化的 3D 软加速。
- FreeType：位图(Bitmap)和矢量(Vector)字体显示。
- SQLite：一个对于所有应用程序可用、功能强劲的轻型关系型数据库引擎。

(2) Android 运行库(Runtime)。

Android 包括一个核心库，该核心库提供了 Java 编程语言的大多数功能。每一个 Android 应用程序都在它自己的进程中运行，都拥有一个独立的 Dalvik 虚拟机实例。Dalvik 被设计成一个设备，可以同时高效地运行多个虚拟系统。

4) Linux 核心层(Kernel)

Linux 内核也同时作为硬件和软件栈之间的抽象层。

1.2 Android 开发环境搭建

在进行 Android 开发之前，需要搭建相应的开发环境，包括 JDK 的安装与配置、模拟器的创建。

1.2.1 Android Studio 的安装

Google 为了简化搭建开发环境的过程，将所有诸如 JDK、Android SDK、Android Studio 等必须用到的工具都帮我们集成好了，到 Android 官网就可以下载最新的开发工具，下载地址是 https://developer.android.google.cn/studio。

不过，Android 官网有时在国内访问会不太稳定，如果无法访问上述网址的话，也可以到一些国内的代理站点进行下载，比如 http://www.android-studio.org。

1. JDK 的安装

(1) 双击下载后的 JDK 软件，如 j2sdk-1_4_2_06-windows-i586-p.exe，开始进行安装。

(2) 安装程序首先要解压缩，解压后如图 1-2 所示，选中"我接受该许可证协议中的条款"单选按钮，然后单击"下一步"按钮。

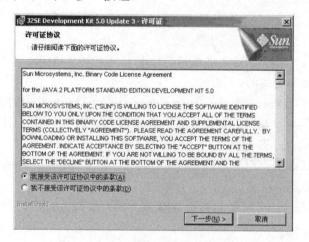

图 1-2 接受 JDK 安装协议

(3) 为 JDK 指定安装目录。如果想指定安装目录，则单击"更改"按钮，选择指定目录。如果没有特殊需要的话，左边的功能组件选项不做改动，如图 1-3 所示。

(4) 单击"下一步"按钮，JDK 开始安装，稍等几分钟即可完成。

(5) 完成后，单击"下一步"按钮完成安装。

以默认安装目录为例，目录结构如下。

C:\Program Files\Java\jdk1.8.0_31\bin：包含 Java 的一些常用开发工具。

C:\Program Files\Java\jdk1.8.0_31\lib：包含 Java 的一些开发库。

C:\Program Files\Java\jdk1.8.0_31\demo：包含一些演示实例。

C:\Program Files\Java\jdk1.8.0_31\include：包含一些头文件(是以 head 为文件扩展名的文件)。

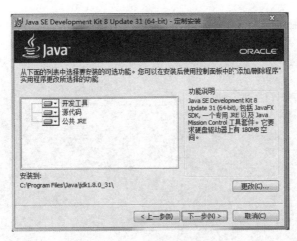

图 1-3　为 JDK 指定安装目录

2. 环境配置

　　右击"计算机"图标，在弹出的快捷菜单中选择"属性"命令，在打开的"系统"窗口中单击"高级系统设置"按钮，弹出"系统属性"对话框，单击"环境变量"按钮，弹出"环境变量"对话框，选择"系统变量"列表框中的 Path 变量，双击打开"编辑系统变量"对话框，设置"变量值"为 JDK 安装路径 C:\Program Files\Java\jdk1.8.0_313\bin。需要注意的是，路径之间用分号";"隔开，如图 1-4 所示。

图 1-4　环境配置

　　下面验证 JDK 是否安装成功。选择"开始"→"执行"命令，打开"运行"对话框，在"打开"下拉列表框内输入 cmd，如图 1-5 所示，然后单击"确定"按钮。

图 1-5　运行 DOS 命令

进入 DOS 后，输入 javac 命令，如图 1-6 所示，则表示已经安装成功，否则没有成功。

图 1-6　JDK 安装成功

3. 安装配置 Android Studio 开发环境

双击 Android Studio 图标，在打开的界面中单击 Configure 按钮，如图 1-7 所示，在弹出的下拉菜单中选择 Settings 命令。打开 Settings 对话框，如图 1-8 所示，接下来选择对应的 SDK 安装路径。

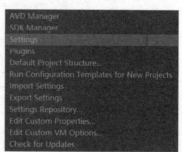

图 1-7　配置开发环境

选择 Android SDK 选项，在界面右侧设置 Android SDK Location 目录为 SDK 解压的目录。

进行 Android SDK、SDK Platform(下载 Android 平台版本)以及 SDK Tools(下载 SDK 工具)相关资源的下载。

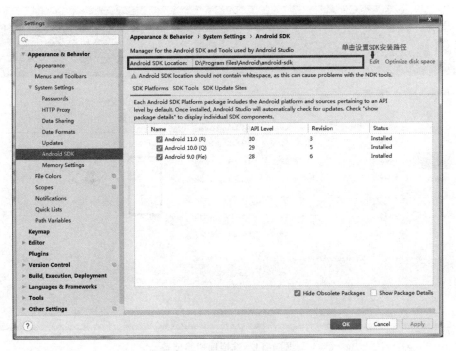

图 1-8　设置 SDK 安装路径

1.2.2　模拟器的创建

在菜单工具条上单击如图 1-9 所示的图标，进入图 1-10 所示的创建模拟器界面。

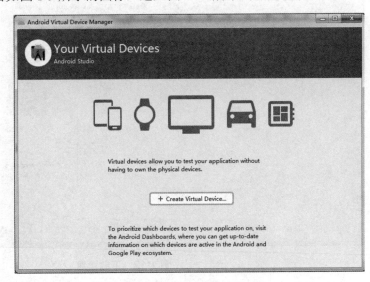

图 1-9　单击模拟器图标　　　　　　　图 1-10　创建模拟器界面

模拟器创建步骤如图 1-11～图 1-15 所示。

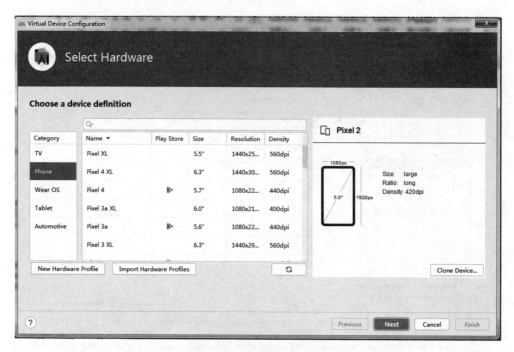

图 1-11 选择模拟器型号

图 1-12 下载镜像

有些 CPU 没有安装 HAXM,如图 1-16 所示,需要设置 CMOS 开启并安装 HAXM,也可以采用第三方模拟器,如夜神模拟器、雷电模拟器。

模拟器安装完成后,会在图 1-17 所示的"模拟器名称"位置中显示出来。只有模拟器名称被识别出后才可以看到项目工程运行的结果。

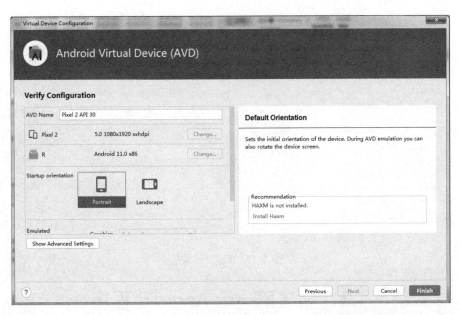

图 1-13　横竖屏选择

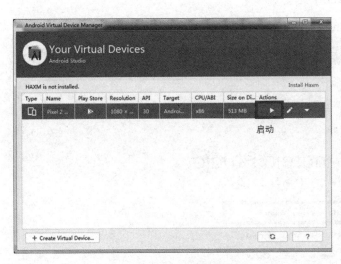

图 1-14　启动模拟器

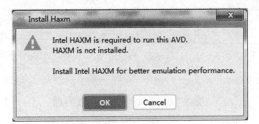

图 1-15　模拟器创建成功

图 1-16　显示安装提示

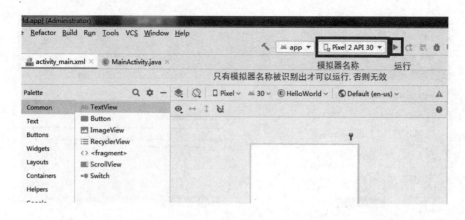

图 1-17　识别模拟器

1.3　创建第一个 Android 程序

1.3.1　创建 Android 程序

1. 创建一个 Android Application 工程

启动 Android Studio，单击 Create New Project 按钮，如图 1-18 所示。

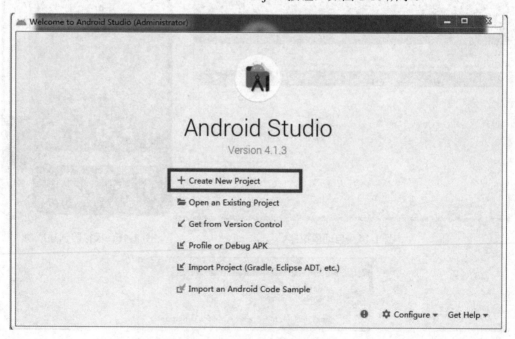

图 1-18　Android Studio 界面

在打开的项目模板界面中设置项目模板，如图 1-19 所示，选择 Empty Activity 选项。

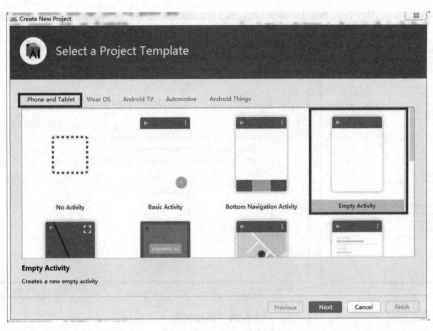

图 1-19　设置项目模板界面

接下来在 Configure Your Project 界面中设置工程名称、工程包名、存放路径以及编程语言，如图 1-20 所示。

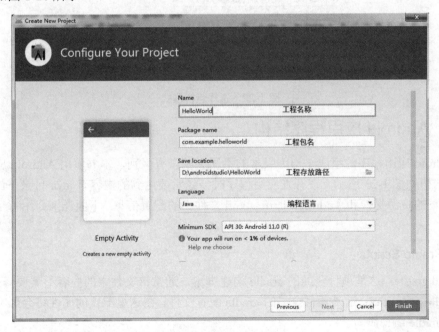

图 1-20　配置项目信息

配置信息填写完成后单击 Finish 按钮，进入如图 1-21 所示的编辑界面。

2. 运行

单击 按钮，选择 Run As→Android Application 命令，在模拟器上便可看到结果。

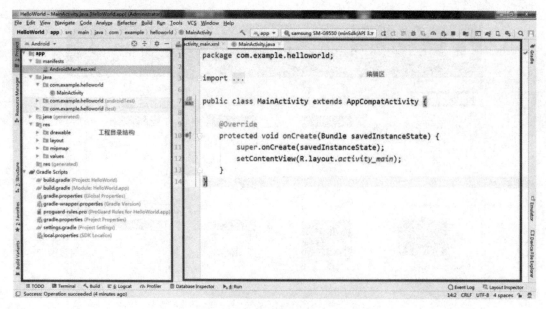

图 1-21　编辑界面

在 Target 下拉列表框中选择模拟器运行还是真机(手机)运行，如图 1-22 所示，然后单击"运行"按钮▶，即可在模拟器或手机上看到程序运行的结果。

图 1-22　选择运行模式

1.3.2　Android 应用程序结构

Android 应用程序的组成结构因版本的不同会稍微有区别，本书所用 Android 应用程序的组成结构如图 1-23 所示。在开发应用程序时，经常要用到的内容有 java 目录下的文件、res 目录下的资源文件和 AndroidManifest.xml 文件中的配置信息。下面详细介绍每个目录中的文件。

1. Gradle Scripts

build.gradle：这是项目全局的 gradle 构建脚本，通常该文件中的内容不需要修改。

gradle.properties：这是项目全局的 gradle 配置文件，在这里配置的属性将会影响项目中所有的 gradle 编译脚本。

local.properties：该文件用于指定本机中的 Android SDK 路径，通常其内容都是自动生成的，用户并不需要修改。

settings.gradle：该文件用于指定项目中所有引入的模块。由于 HelloWorld 项目中只有一个 app 模块，因此该文件中也只引入了 app 这一个模块。

proguard-rules.pro：该文件用于指定项目代码的混淆规则。

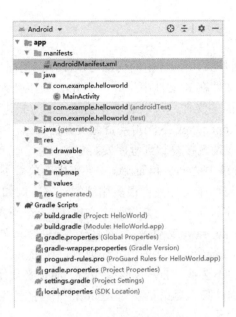

图 1-23　应用程序组成结构

2. java 目录

java 目录是放置所有 Java 代码的地方(Kotlin 代码也是放在这里)，展开该目录，将看到系统自动生成了一个 MainActivity 文件。

3. res 目录及资源类型

res 目录用于存放应用程序中经常使用的资源文件，包括图片、声音、布局文件以及参数描述文件等，其中，ADT 会为 res 包里的每一个文件在 R.java 中生成一个 ID。res 的目录结构及资源类型如表 1-2 所示。

表 1-2　Android 系统的 res 目录结构及资源类型

目录组成	资源类型
drawable	图片(bmp、png、gif、jpg 等)
layout	XML 布局文件
mipmap	应用图标
values	存放字符串、颜色、尺寸、数组、主题、类型等资源。 strings.xml：定义字符串和数值。 arrays.xml：定义数组。 colors.xml：定义颜色和颜色字串数值。 dimens.xml：定义尺寸数据。 styles.xml：定义样式
anim	需要自己创建，XML 格式的动画资源(帧动画和补间动画)
menu	需要自己创建，菜单资源
raw	需要自己创建，可以存放任意类型文件，一般存放比较大的音频、视频、图片或文档，会在 R 类中生成资源 ID，封装在 apk 中

4. assets 目录

assets 也是一个资源文件夹，assets 中的资源可以被打包到程序里面，与 res 目录不同的是，ADT 会为 res 包内的文件在 R 文件中生成一个 ID，而不会为 assets 目录中的资源生成 ID，因此要使用该目录下面的文件，可以通过完整路径的方式进行调用，或是在程序中使用 getResources.getAssets().open("text.txt")得到资源文件的输入流 InputStream 对象。该目录下面的文件不会被编译，而是直接复制到程序安装包中。

需要注意的是，res 目录中的 raw 和 assets 文件夹中存放着不需要系统编译成二进制的文件，例如字体文件等。这两个文件夹有很多相同的地方，例如都可以把文件夹下的文件原封不动地复制到应用程序目录下。但是这两个文件夹也有一些不同的地方，首先就是访问方式不同，res 目录中的 raw 文件夹不能有子文件夹，文件夹下的资源可以使用 getResources().openRawResource(R.raw.id)的方式获取到，而 assets 文件夹则可以自己创建文件夹，并且文件夹下的文件不会被 R.java 文件索引到，而是必须使用 AssetsManager 类进行访问。如果你需要更高的自由度，尽量不要受 Android 平台的约束，那么 assets 目录就是首选了，因为它支持深度子目录。

5. java(generated)目录

java(generated)目录下的文件全部都是 ADT 自动生成的，不允许用户修改，实际上该目录下定义了一个 R.java 文件，该文件相当于项目的字典，项目中的用户界面、字符串、图片等资源都会在该类中创建其唯一的 ID，当项目中使用这些资源时，会通过该 ID 得到资源的引用。

在程序中引用资源需要使用 R 类，其引用格式如下。

Java 代码：R.资源类型.ID。

XML 文件：@资源类型/ID。

示例如下。

(1) 在 Activity 中显示布局视图：

```
setContentView(R.layout.main);
```

(2) 程序要获得用户界面布局文件中的按钮实例 Button1：

```
mButton=(Button)finadViewById(R.id.Button1);
```

(3) XML 使用颜色资源：

```
<TextView android:background="@color/red">
```

(4) 数组资源的使用：

```
int[] c=this.getResources().getIntArray(R.array.count);
```

6. AndroidManifest.xml 文件

AndroidManifest.xml 文件是应用程序的系统控制文件，它对应用程序的权限、应用程序中 Activity、Service 等进行声明，同时还对程序的版本进行说明。AndroidManifest.xml 文件代码元素的含义如表 1-3 所示。

表 1-3　AndroidManifest.xml 文件代码说明

代码元素	说　明
manifest	XML 文件的根节点，包含了 package 中所有的内容
xmlns:android	命名空间的声明，使得 Android 中各种标准属性均可在文件中使用
package	声明应用程序包
uses-sdk	声明应用程序所使用的 Android SDK 版本
Application	Application 级别组件的根节点。声明一些全局或默认的属性，如标签、图标、必要的权限等
android:icon	应用程序图标
android:label	应用程序名称
activity	Activity 是一个应用程序与用户交互的图形界面。 每一个 Activity 必须有一个<activity>标记对应
android:name	应用程序默认启动的活动程序 Activity 界面
intent-filter	声明一组组件支持的 Intent 值。在 Android 中，组件之间可以相互调用，协调工作，Intent 提供组件之间通信所需要的相关信息
action	声明目标组件执行的 Intent 动作
category	指定目标组件支持的 Intent 类别

7. libs

当需要引用第三方库时，只需在项目中将所有第三方包复制到 libs 文件夹即可。

1.3.3　Android 程序的打包

打包就是要生成 apk 文件，apk 文件就是一个包，所有的 Android 应用程序都要求开发人员用一个证书进行数字签名，Android 系统不会安装没有进行签名的应用程序。

打包分 Debug 版和 Release 版，通常所说的打包是指生成 Release 版的 apk。Release 版的 apk 会比 Debug 版的小，在应用程序开发期间，由于是以 Debug 调试模式编译的，因此 IDE(ADT)会自动用默认的密钥和证书来进行签名，而以 Release 发布模式编译时，apk 文件就不会得到自动签名，这样就需要进行手工签名。Release 版的还会进行混淆和用自己的 keystore 签名，以防止别人反编译后重新打包替换你的应用。

打包有很多种途径，可以用 AS 自带的签名，也可以通过 Gradle 签名等，这里来讲解如何用 AS 自带的签名。

首先打开 Android Studio，并且打开想要生成 apk 文件的项目。在菜单栏中选择 Build →Generate Signed Bundle/APK 命令，在弹出的对话框中选中 APK 单选按钮，如图 1-24 所示。

单击 Next 按钮，将会出现如图 1-25 所示的对话框。其中，Key store path 文本框表示密钥的保存路径；Create new 按钮表示新生成一个.jks 文件；Choose existing 按钮表示选择已经存在的.jks 文件；Key store password 文本框表示密钥存储的密码；Key alias 文本框表示密钥的别名；Key password 文本框表示密钥的密码，建议与 Key store password 文本框的值设置成一样，便于记忆。

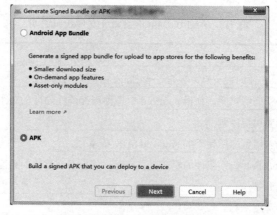

图 1-24 选中 APK 单选按钮

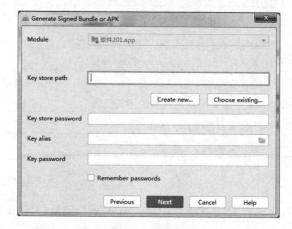

图 1-25 APK 签名

因为我们是没有密钥(身份证)的，所以要去生成一个密钥，这里单击 Create new 按钮，将会出现如图 1-26 所示的对话框。

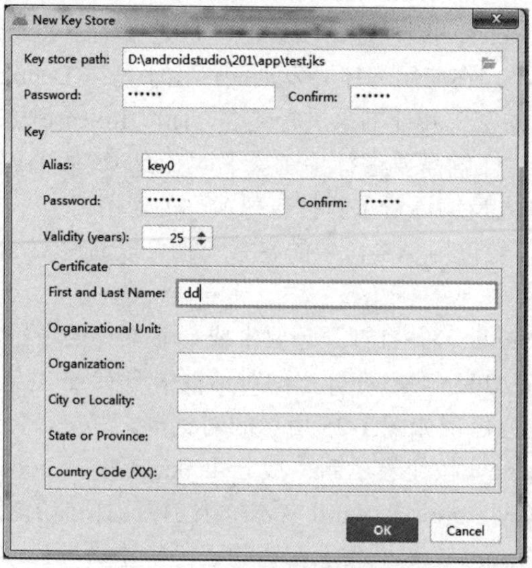

图 1-26 APK 保存界面

单击 OK 按钮，则选择好了文件，并生成 jks 文件。将会出现如图 1-27 所示的对话框。

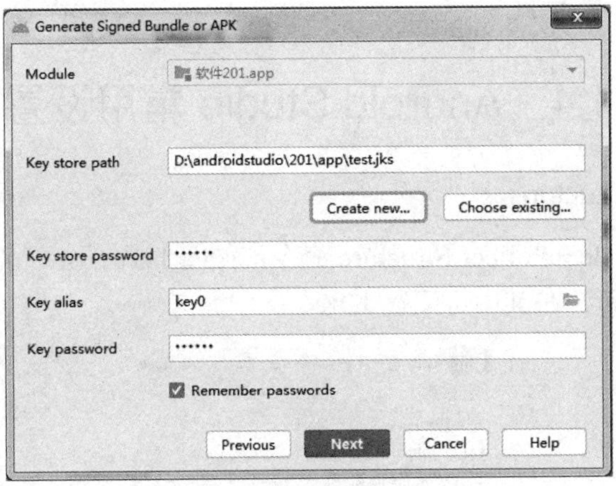

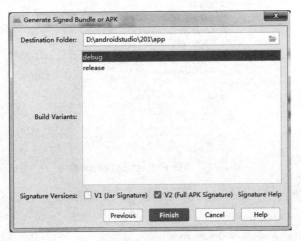

图 1-27　APK 确认

单击 Next 按钮，弹出如图 1-28 所示的对话框。选择需要生成的 apk 文件类型，即 debug 或 release。

图 1-28　选择 APK 类型

最后单击 Finish 按钮，这时 Android Studio 的右下角会出现如图 1-29 所示的界面，表示系统正在编译。

当图 1-29 所示的界面消失时，表示打包成功。直接单击生成的 apk 文件的位置即可查看 apk 文件，如图 1-30 所示。

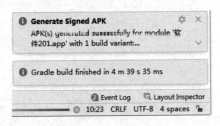

图 1-29　正在编译

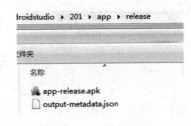

图 1-30　查看 apk 文件

💡 **注意：** 打包生成 apk 文件的方式有很多，这里就简单地介绍了一种，有兴趣的读者可以尝试其他方法。

1.4 Android Studio 常用设置

1. 设置 Project Structure

在菜单栏中选择 File→Project Structure 命令，如图 1-31 所示，将打开 Project Structure 对话框，如图 1-32 所示，在其中可配置 JDK。

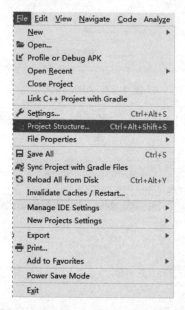

图 1-31 选择 Project Structure 命令

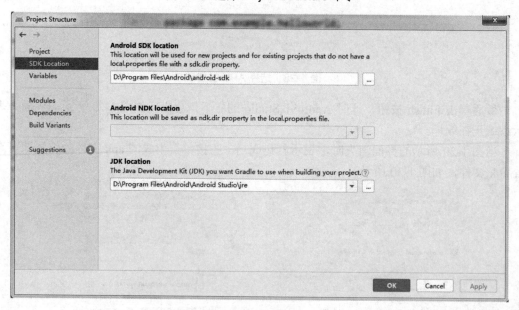

图 1-32 配置 JDK

2. 设置字体风格和尺寸

选择 File→Settings 菜单命令，将打开 Settings 对话框。在 Appearance 设置界面中，可以设置主题风格和尺寸大小，如图 1-33 所示；在 Font 设置界面中，可以设置字体大小和行距，如图 1-34 所示。

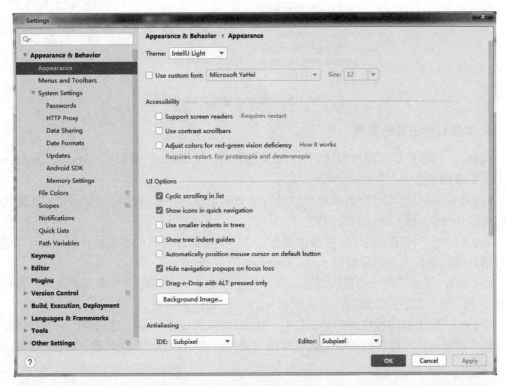

图 1-33　设置主题风格、尺寸大小

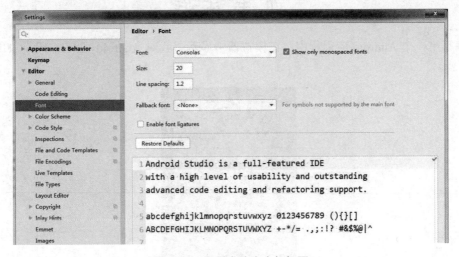

图 1-34　设置字体大小与行距

3. Android Studio 快捷键设置

Android Studio 常用快捷键说明如图 1-35 所示。

快捷键

- Ctrl+D：复制光标所在行的代码，并在此行的下面粘贴出来。
- Ctrl+ /：以双斜杠的形式注释当前行的代码，即"//"。
- Ctrl+Shift + /：将当前选中代码以文档形式进行标注，即"/*…*/"。
- Ctrl+F：在当前类搜索与输入匹配的内容。
- Ctrl+X：剪切整行内容。
- Ctrl+Y：删除整行内容。
- Ctrl+F12：显示当前文件的结构。
- Ctrl+ Alt+L：格式化代码。
- Ctrl+ Alt+S：打开设置界面。
- Ctrl+Shift+Space：自动补全代码。
- Shift+Enter：在当前行的下面插入新行，并将代码移动到下一行。
- Alt+Enter：自动导入包。

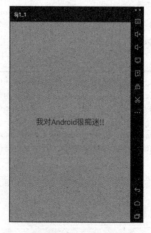

图 1-35　常用快捷键说明

4. 掌握日志工具的使用

Log.v()：用于打印那些最为琐碎的、意义最小的日志信息。对应级别 verbose，是 Android 日志里面级别最低的一种。

Log.d()：用于打印一些调试信息，这些信息对调试程序和分析问题应该是有帮助的。对应级别 debug，比 verbose 高一级。

Log.i()：用于打印一些比较重要的数据，这些数据应该是我们非常想看到的、可以帮助分析用户行为的数据。对应级别 info，比 debug 高一级。

Log.w()：用于打印一些警告信息，提示程序在这个地方可能会有潜在的风险，最好去修复一下这些出现警告的地方。对应级别 warn，比 info 高一级。

Log.e()：用于打印程序中的错误信息，比如程序进入到了 catch 语句中，当有错误信息打印出来的时候，一般都代表我们的程序出现严重问题了，必须尽快修复。对应级别 error，比 warn 高一级。

动 手 实 践

编写第一个 Android 应用程序，在模拟器中显示"我对 Android 很痴迷!!"，如图 1-36 所示。

图 1-36　动手实践

巩 固 训 练

一、单选题

1. 在 Android 中，可以置于 XML 资源文件中的资源不包含(　　)。
   A. 整型常量　　　　B. 布尔常量　　　　C. 数组常量　　　　D. 图片文件

2. 在 Android 中，XML 格式的样式资源文件通常被置于(　　)文件夹。
   A. res/layout　　　　B. res/menu　　　　C. res/values　　　　D. res/xml

3. 在 Android 中，字符串资源文件 strings.xml 中的根元素是(　　)。
   A. string　　　　B. strings　　　　C. resource　　　　D. resources

4. 下列选项中，不可用于 res/drawable 目录中的文件名称有(　　)。
   A. bg.png　　　　B. back.jpg　　　　C. 01.png　　　　D. bg_1.jpg

5. 下列尺寸单位中，与密度无关的像素单位指的是(　　)。
   A. dip 或 dp　　　　B. px　　　　C. dpi　　　　D. sp

6. Android 项目工程下面的 assets 目录的作用是(　　)。
   A. 放置应用到的图片资源(res/drawable)
   B. 主要放置一些文件资源，这些文件会原封不动地打包到里面(apk)
   C. 放置字符串、颜色、数组等常量数据(res/values)
   D. 放置一些相应的布局文件，都是 XML 文件(res/layout)

7. 如果在 PC 桌面访问，或者通过其他的非移动设备的浏览器访问，为了防止页面的缩放功能被禁用，可以把 text-size-adjust 的值从 none 改变为(　　)。
   A. none　　　　B. auto　　　　C. 100%　　　　D. 75%

8. Android 项目中的主题和样式资源，通常放在(　　)目录中。
   A. res/drawable　　　　B. res/layout　　　　C. res/values　　　　D. assete

9. 下列关于 AndroidManifest.xml 文件的说法中，错误的是(　　)。
   A. 它是整个程序的配置文件
   B. 可以在该文件中配置程序所需的权限
   C. 可以在该文件中注册程序用到的组件
   D. 该文件可以设置 UI 布局

10. Android 中短信、联系人管理、浏览器等属于 Android 系统架构中的(　　)。
    A. 应用程序层　　　　　　　　　　B. 应用程序框架层
    C. 核心类库层　　　　　　　　　　D. Linux 内核层

11. 在 Android 程序中，Log.d()用于输出(　　)级别的日志信息。
    A. 调试　　　　B. 信息　　　　C. 警告　　　　D. 错误

12. 创建程序时填写的 Aplication Name 是(　　)。
    A. 应用名称　　　　B. 项目名称　　　　C. 项目的包名　　　D. 类的名字

13. 关于 AndroidManifest.xml 文件，以下描述错误的选项有(　　)。
    A. 在所有的元素中只有<manifest>和<application>是必需的，且只能出现一次
    B. 处于同一层次的元素，不能随意打乱顺序

C. 元素属性一般都是可选的，但是有些属性是必须设置的

D. 对可选的属性，即使不写，也有默认的数值项说明

二、多选题

1. 开发程序需要的开发工具和开发包包括(   )。

    A. JDK   B. SDK   C. Android   D. ADT

2. Android 平台包含 Linux Kernel(Linux 内核)以及(   )。

    A. Application(应用程序)   B. Application Framework(应用程序框架)

    C. Libraries(库)   D. Android Runtime(Android 运行时)

3. 在启动和运行模拟器时，开发人员可以使用多种命令和选项来控制模拟器行为，以下属于 Android 模拟器命令的是(   )。

    A. Android   B. adb   C. emulator   D. Is

4. Android 项目中，res 文件夹下存放的资源包括(   )。

    A. 图片   B. 字符串   C. 布局   D. Java 代码

三、填空题

1. Android 的四大组件是_____、_____、_____和_____。

2. 如果希望在 XML 布局文件中调用颜色资源，可以使用_____调用。

3. Android 程序入口的 Activity 是在_____文件中注册的。

4. Android 中查看应用程序日志的工具是_____。

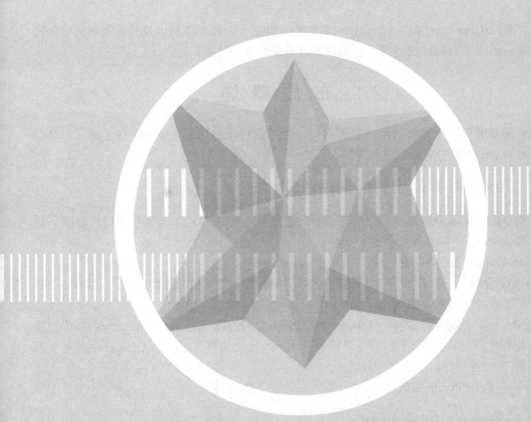

第2章

用户界面设计

教学目标

- 掌握 View 和 ViewGroup 的概念。
- 掌握 Android 布局的定义和分类。
- 掌握各种布局的特点和属性。
- 掌握 Android 各类基本控件的使用。

用户界面(User Interface，UI)是指对软件的人机交互、操作逻辑以及界面美观的整体设计。一个应用程序有良好的界面，会给使用者带来极佳的体验。

2.1 布 局 概 述

如果需要编写一个完美的用户界面布局，就需要对布局的相关知识进行了解，本节中我们将对 Android 的布局知识进行讲解。

2.1.1 Android 界面设计的常用单位

不同手机的屏幕分辨率不同，为了设计出在不同屏幕上都能正确显示的用户界面，我们需要对 Android 中的常用单位进行了解。

Android 中常用的单位有三种，分别是 px、dp 和 sp。

(1) px：全称为 pixel，即平时所说的像素。分辨率为 320×480 的手机屏幕在横向有 320 个像素，在纵向有 480 个像素。

(2) dp：又叫 dip，即 Device Independent Pixels(设备独立像素)，使用 dp 作为单位设置控件的大小时，控件会根据手机屏幕分辨率的不同而自动调整大小。在 Android 中基本上都是使用 dp 来设置控件的大小和间距。

(3) sp：Scale Pixels(缩放像素)，一般用来设置字体的大小。

2.1.2 View 和 ViewGroup

Android 的用户界面都是由类 View 和 ViewGroup 及其子类组合而成的。

其中，View 类是 Android 中所有组件的基类，ViewGroup 是 View 类的子类。例如 TextView、Button 等这些组件也都是 View 类的子类。View 是绘制在屏幕上的、用户能与之交互的一个对象。View 类的一些子类被称为 Widgets(工具)，它们提供了诸如文本框和按钮之类的 UI 对象的完整实现。ViewGroup 是一个容器，它可以存放其他的 View 组件。View 和 ViewGroup 之间的结构如图 2-1 所示。ViewGroup 是一个容器，它既可以包含 View，也可以包含 ViewGroup。

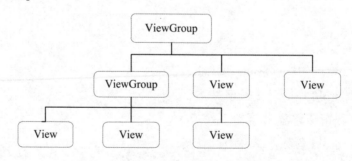

图 2-1 View 和 ViewGroup 之间的关系

通过设置 View 类的属性，可以控制 View 控件的形状、大小和颜色等。View 类的常用属性如表 2-1 所示。

表 2-1 View 类的常用属性

属　性	说　明
android:id	给当前的 View 设置 id，其值的格式为"@+id/name"，例如把 View 控件的 id 设置为 bbb 的代码是 android:id="@+id/bbb"
android:layout_width	设置 View 的宽度。其值可以为 match_parent、wrap_content。 match_parent：表示控件的宽度与父元素宽度相同 wrap_content：表示 View 组件宽度与其所包含的内容宽度相同
android:layout_height	设置 View 的高度，其值可以为 match_parent、wrap_content
android:background	设置背景颜色或背景图片
android:padding	设置上下左右内边距，即设置 View 中的内容到其边框的距离
android:layout_margin	设置上下左右间距，即设置 View 和其上下左右的 View 之间的距离。 例如 android:margin=10dp 表示这个 View 到它的上边、下边、左边、右边的 View 距离都是 10dp
android:visibility	设置是否显示 View，其值有 Visible(默认值，显示)、gone(不显示，不占用空间)和 invisible(不显示，但仍然占用空间)3 种

2.1.3　布局的创建方法

Android 的布局控制了界面上组件的大小及排列的位置，布局是通过布局文件进行控制的。布局文件可以通过 XML 文件创建，也可以通过 Java 代码创建。大多数情况下我们都是使用 XML 文件创建。Android 应用程序创建的布局文件放在 res 目录的 layout 文件夹中。使用 XML 方法创建布局文件的方法是，在 res 目录的 layout 文件夹上右击，在弹出的快捷菜单中选择 New→XML→Layout XML File 命令，将打开如图 2-2 所示的 New Android Component 对话框，输入布局的名称和布局的根元素后，单击 Finish 按钮即可完成布局的创建。

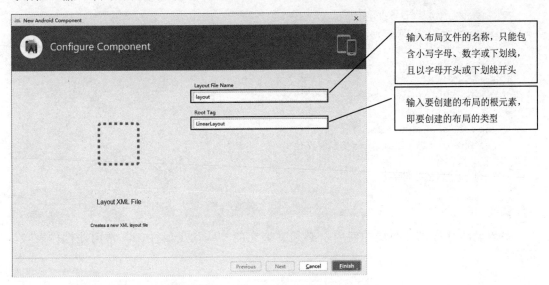

图 2-2　New Android Component 对话框

2.2 Android 常见界面布局

Android 常见的界面布局有 6 种,分别为 LinearLayout(线性布局)、RelativeLayout(相对布局)、FrameLayout(帧布局)、TableLayout(表格布局)、AbsoluteLayout(绝对布局)和 ConstraintLayout(约束布局)。

2.2.1 线性布局 LinearLayout 及案例

线性布局包含的子控件将以横向或纵向的方式排列,所有子控件要么水平排在一行,要么垂直排在一列。这里在线性布局上放了 4 个按钮,图 2-3 所示为横向排列的线性布局,图 2-4 所示为纵向排列的线性布局。

图 2-3 横向排列的线性布局

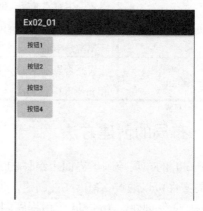

图 2-4 纵向排列的线性布局

在 XML 文件中创建线性布局时,使用<LinearLayout>...</LinearLayout>标记创建。其语法格式如下:

```
<?xml version="1.0" encoding="utf-8"?>
<LinearLayout xmlns:android="http://schemas.android.com/apk/res/android"
    xmlns:app="http://schemas.android.com/apk/res-auto"
    xmlns:tools="http://schemas.android.com/tools"
    <!---->
    android:layout_width="  "
    android:layout_height="  "
    tools:context=".MainActivity"
    android:orientation="horizont"
    >
    <!--包含的控件-->

</LinearLayout>
```

要想灵活掌握线性布局的使用,必须掌握它的一些常用属性,其常用属性如表 2-2 所示。

表 2-2 LinearLayout 的常用属性

属 性	说 明
android:orientation	设置线性布局内部组件的排列方向，设置为 horizontal(默认值)表示水平排列，设置为 vertical 表示垂直排列
android:gravity	控制组件所包含的子元素或控件中文字的对齐方式。常用值有 center、left、right、bottom、top 等。可以同时指定多个属性值，多个值用|(竖线)隔开。要设置控件中的文字在控件中右下角对齐，可以使用属性值 right|bottom
android:layout_gravity	组件在线性布局中的对齐方式，常用值有 center、left、right、bottom、top 等。当线性布局的 android:orientation="vertical" 时，只有水平方向的设置才起作用，垂直方向的设置将不起作用。当线性布局的 android:orientation="horizontal" 时， 只有垂直方向的设置才起作用，水平方向的设置将不起作用
android:layout_weight	设置组件的权重，即设置组件在父容器中占剩余控件的比例

android:layout_weight 属性不太好理解，我们举例说明一下。

(1) 假设有线性布局 LinerLayout(宽度为 200dp)。

(2) 设置 LinearLayout 控件水平排列，包含两个控件。

(3) 设置第一个控件：

```
android:layout_width="100dp"
android:layout_weight="4"
```

(4) 设置第二个控件：

```
android:layout_width="50dp"
android:layout_weight="1"
```

两个控件的总宽度为 100dp+50dp=150dp，线性布局的宽度为 200dp，除去两个控件所占的宽度以后，线性控件的剩余宽度为 50dp，因为第一个控件和第二个控件的 android:layout_weight 的值分别为 4 和 1，剩余的宽度将被分成 4+1=5 份，第一个控件的该属性值为 4，所以第一个控件占剩余宽度的五分之四，即 40dp，第二个控件占剩余控件的五分之一，即 10dp。第一个控件的宽度为 100dp+40dp=140dp，第二个控件的宽度为 50dp+10dp=60dp。

图 2-5 登录界面

【例 2-1】创建如图 2-5 所示的登录界面。

(1) 创建名称为 Ex02_01 的新项目，包名为 com.ex02_01。

(2) 修改布局文件 activity_main.xml，代码如下：

```
<?xml version="1.0" encoding="utf-8"?>
<LinearLayout xmlns:android="http://schemas.android.com/apk/res/android"
    xmlns:app="http://schemas.android.com/apk/res-auto"
    xmlns:tools="http://schemas.android.com/tools"
    android:layout_width="match_parent"
```

```
    android:layout_height="match_parent"
    android:orientation="vertical"
    tools:context=".MainActivity"
    >
<EditText
    android:id="@+id/editTextTextPersonName"
    android:layout_width="match_parent"
    android:layout_height="wrap_content"
    android:ems="10"
   android:hint="请输入用户名"
    android:layout_margin="10dp"
    />
<EditText
    android:id="@+id/editTextTextPersonName2"
    android:layout_width="match_parent"
    android:layout_height="wrap_content"
    android:ems="10"
    android:hint="请输入密码"
    android:layout_margin="10dp"
    />
<Button
    android:id="@+id/button3"
    android:layout_width="match_parent"
    android:layout_height="wrap_content"
    android:text="登录"
    android:layout_margin="10dp"
    />
</LinearLayout>
```

2.2.2 相对布局 RelativeLayout 及案例

相对布局以相对定位的方式进行布局，它包含的子控件将以控件之间的相对位置或者子类控件相对于父类容器的位置的方式排列。

在 XML 文件中创建相对布局，使用<RelativeLayout>...</RelativeLayout>标记创建。其语法格式如下：

```
<?xml version="1.0" encoding="utf-8"?>
<RelativeLayout
    xmlns:android="http://schemas.android.com/apk/res/android"
    xmlns:app="http://schemas.android.com/apk/res-auto"
    xmlns:tools="http://schemas.android.com/tools"
    <!---->
    android:layout_width="   "
    android:layout_height="    "
    tools:context=".MainActivity"
    android:orientation="horizont"
    >
    <!--包含的控件-->

</RelativeLayout>
```

RelativeLayout 的属性比较多，所有的属性取值分为三大类：一大类属性的取值为 true 或 false，如表 2-3 所示；另一类属性的取值为某个控件的 id，如表 2-4 所示；还有一大类属性的取值为像素，如表 2-5 所示。

表 2-3　取值为 true 或 false 的属性

属　性	说　明
Android:layout_centerHrizontal	水平居中
Android:layout_centerVertical	垂直居中
Android:layout_ccnterInparent	在父控件的中心
Android:layout_alignParentBottom	贴紧父控件的下边缘
Android:layout_alignParentLeft	贴紧父控件的左边缘
Android:layout_alignParentRight	贴紧父控件的右边缘
android:layout_alignParentTop	贴紧父控件的上边缘

表 2-4　取值为某个控件的 id 的属性

属　性	说　明
android:layout_below	在某控件下方
android:layout_above	在某控件上方
android:layout_toLeftOf	在某控件的左边
android:layout_toRightOf	在某控件的右边
android:layout_alignTop	本控件的上边缘和某控件的上边缘对齐
android:layout_alignLeft	本控件的左边缘和某控件的左边缘对齐
android:layout_alignBottom	本控件的下边缘和某控件的下边缘对齐
android:layout_alignRight	本控件的右边缘和某控件的右边缘对齐

表 2-5　取值为像素值的属性

属　性	说　明
android:layout_marginLeft	设置当前控件距离其左侧控件的距离
android:layout_marginRight	设置当前控件距离其右侧控件的距离
android:layout_marginTop	设置当前控件距离其顶部控件的距离
android:layout_marginBottom	设置当前控件距离其底部控件的距离

【例 2-2】创建如图 2-6 所示的相对布局界面。

(1) 创建一个名为 Ex02_02 的工程，包名为 com.my.Ex02_02。

(2) 修改布局文件 activity_main.xml，代码如下：

```
<RelativeLayout
    xmlns:android="http://schemas.android.com/apk/res/android"
    xmlns:app="http://schemas.android.com/apk/res-auto"
    xmlns:tools="http://schemas.android.com/tools"
```

```
    android:layout_width="match_parent"
    android:layout_height="match_parent"
    >

<ImageView
    android:id="@+id/imageView1"
    android:layout_width="170dp"
    android:layout_height="230dp"
    android:layout_alignParentLeft="true"
    android:layout_alignParentTop="true"
    android:layout_marginStart="20dp"
    android:layout_marginLeft="20dp"
    android:layout_marginTop="20dp"
    android:layout_marginEnd="20dp"
    android:layout_marginRight="20dp"
    android:layout_marginBottom="20dp"
    app:srcCompat="@drawable/p" />
<TextView
    android:id="@+id/textView1"
    android:layout_width="wrap_content"
    android:layout_height="wrap_content"
    android:text="华硕笔记本电脑"
    android:textColor="#666"
    android:textSize="20sp"
    android:layout_toRightOf="@id/imageView1"
    android:layout_alignTop="@id/imageView1"
    />
<TextView
    android:id="@+id/textView2"
    android:layout_width="wrap_content"
    android:layout_height="wrap_content"
    android:text="价格：5000"
    android:textColor="#666"
    android:textSize="20sp"
    android:layout_below="@id/textView1"
    android:layout_toRightOf="@id/imageView1"
    android:layout_marginTop="30dp"
    />
<TextView
    android:id="@+id/textView3"
    android:layout_width="wrap_content"
    android:layout_height="wrap_content"
    android:text="参数：i5/8G 内存"
    android:textColor="#666"
    android:textSize="20sp"
    android:layout_below="@id/textView2"
    android:layout_toRightOf="@id/imageView1"
    android:layout_marginTop="30dp"
    />
<TextView
    android:id="@+id/textView4"
```

```
        android:layout_width="wrap_content"
        android:layout_height="wrap_content"
        android:text="运费: 80 元"
        android:textSize="16sp"
        android:textColor="#999"
        android:layout_below="@id/textView3"
        android:layout_alignRight="@id/textView3"
        android:layout_marginTop="30dp"
        />
</RelativeLayout>
```

(3) 程序运行结果如图 2-6 所示。

图 2-6　相对布局效果

2.2.3　帧布局 FrameLayout 及案例

帧布局中所有的子元素默认放在布局的左上角，并且后面放入的元素会直接覆盖在前面的元素之上。

【例 2-3】使用 FrameLayout 布局界面。

(1) 创建一个工程，名称为 Ex02_03，包名为 com.my.Ex02_03。

(2) 把图片文件 p.png 复制到 res/drawable 文件夹下。

(3) 修改布局文件 activity_main.xml，代码如下：

```
<?xml version="1.0" encoding="utf-8"?>
<FrameLayout
  xmlns:android="http://schemas.android.com/apk/res/android"
  xmlns:app="http://schemas.android.com/apk/res-auto"
  xmlns:tools="http://schemas.android.com/tools"
  android:layout_width="match_parent"
  android:layout_height="match_parent"
  tools:context=".MainActivity"
  >
  <TextView
      android:layout_width="300dp"
      android:layout_height="300dp"
      android:background="#00FF00"
      android:layout_gravity="center"
```

```
        />
    <TextView
        android:layout_width="150dp"
        android:layout_height="150dp"
        android:background="#FF0000"
        android:layout_gravity="center"
        />
    <TextView
        android:layout_width="50dp"
        android:layout_height="50dp"
        android:background="#0000FF"
        android:layout_gravity="center"
        />
</FrameLayout>
```

(4) 运行程序，结果如图 2-7 所示。

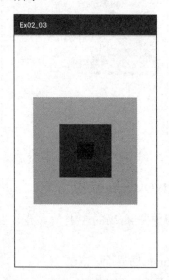

图 2-7 例 2-3 的程序运行结果

2.2.4 表格布局 TableLayout 及案例

表格布局是以表格方式布局界面上的控件，把整个界面划分成行、列构成的单元格。表格布局特别适合完成控件排列成多行多列的布局，例如计算器的界面、注册界面等。TableLayout 由多个<TableRow>标记构成，<TableRow>标记用来创建行，每个<TableRow>标记包含若干个控件，每个控件就是一列。表格布局的语法如下：

```
<TableLayout>
    <TableRow>  <!--控件的代码-->  </TableRow>
    <TableRow>  <!--控件的代码-->  </TableRow>
    ...
</TableLayout>
```

TableLayout 继承了 LinearLayout，因此完全可以支持 LinearLayout 所支持的全部 XML 属性，除此之外，TableLayout 还支持如表 2-6 所示的属性。

表 2-6 TableLayout 的属性

属　性	说　明
android:collapseColumns	设置需要隐藏的列的序列号(列号从 0 开始)，多个列序号之间用逗号隔开
android:shrinkColumns	设置允许收缩的列号(列号从 0 开始)，多个列序号之间用逗号隔开。当屏幕不够用时，列被收缩，直到完全显示
android:stretchColumns	设置允许被拉伸的列。允许被拉伸的列在屏幕还有空白区域时被拉伸充满，列号从 0 开始，多个列之间用逗号隔开

除了上面的这些属性之外，还有一些与 TableLayout 相关的属性，只不过这些属性应用在 TableLayout 内部包含的控件上，这些属性如表 2-7 所示。

表 2-7 与 TableLayout 相关的属性

属　性	说　明
android:layout_column	设置控件被显示在第几列
android:layout_span	设置该控件占据几列

【例 2-4】使用 TableLayout 创建计算器界面。

(1) 创建一个工程，名称为 Ex02_04，包名为 com.my.Ex02_04。

(2) 打开 res/values/style/themes/themes.xml 文件，修改下列代码：

```
<style name="Theme.Ex02_04" parent=
"Theme.MaterialComponents.DayNight.DarkActionBar">
```

为：

```
<style name="Theme.Ex02_04" parent=
"Theme.MaterialComponents.DayNight.DarkActionBar.Bridge">
```

(3) 修改布局文件 activity_main.xml，代码如下：

```xml
<?xml version="1.0" encoding="utf-8"?>
<TableLayout xmlns:android="http://schemas.android.com/apk/res/android"
    android:layout_width="wrap_content"
    android:layout_height="wrap_content">
    <TableRow>
        <TextView
            android:layout_marginLeft="5dp"
            android:layout_marginRight="5dp"
            android:layout_span="4"
            android:text="0"
            android:textSize="50sp" />
    </TableRow>
    <TableRow>
        <Button
            android:layout_span="2"
            android:text="回退" />
        <Button
            android:layout_span="2"
```

```
                android:text="清空" />
    </TableRow>
    <TableRow>
        <Button
            android:layout_width="wrap_content"
            android:layout_height="wrap_content"
            android:text="+" />

        <Button
            android:layout_width="wrap_content"
            android:layout_height="wrap_content"
            android:text="1" />

        <Button
            android:layout_width="wrap_content"
            android:layout_height="wrap_content"
            android:text="2" />
        <Button
            android:layout_width="wrap_content"
            android:layout_height="wrap_content"
            android:text="3" />
    </TableRow>
    <TableRow>
        <Button
            android:layout_width="wrap_content"
            android:layout_height="wrap_content"
            android:text="-" />
        <Button
            android:layout_width="wrap_content"
            android:layout_height="wrap_content"
            android:text="4" />
        <Button
            android:layout_width="wrap_content"
            android:layout_height="wrap_content"
            android:text="5" />
        <Button
            android:layout_width="wrap_content"
            android:layout_height="wrap_content"
            android:text="6" />
    </TableRow>
    <TableRow>
        <Button
            android:layout_width="wrap_content"
            android:layout_height="wrap_content"
            android:text="*" />
        <Button
            android:layout_width="wrap_content"
            android:layout_height="wrap_content"
            android:text="7" />
        <Button
            android:layout_width="wrap_content"
```

```
            android:layout_height="wrap_content"
            android:text="8" />
        <Button
            android:layout_width="wrap_content"
            android:layout_height="wrap_content"
            android:text="9" />
    </TableRow>
    <TableRow>
        <Button
            android:layout_width="wrap_content"
            android:layout_height="wrap_content"
            android:text="/" />
        <Button
            android:layout_width="wrap_content"
            android:layout_height="wrap_content"
            android:text="." />
        <Button
            android:layout_width="wrap_content"
            android:layout_height="wrap_content"
            android:text="0" />
        <Button
            android:layout_width="wrap_content"
            android:layout_height="wrap_content"
            android:text="=" />
    </TableRow>
</TableLayout>
```

(4) 运行程序，结果如图 2-8 所示。

图 2-8　例 2-4 的程序运行结果

2.2.5　网格布局 GridLayout

网格布局是 Android 4.0 以上版本出现的。GridLayout 和 TableLayout 一样都是使用表格模式布局内部的控件，与 TableLayout 的用法相似，但比 TableLayout 更加灵活。GridLayout 不需要结合 TableRow 使用。其常用属性如表 2-8 所示。

使用 GridLayout 除了要掌握 GridLayout 本身的常用属性外，还需要掌握它所包含的子元素与 GridLayout 相关的属性，子元素的相关属性如表 2-9 所示。

表 2-8　GridLayout 的属性

属　性	作　用
android:orientation	设置 GridLayout 中的子元素是水平显示还是垂直显示，其值可以为 horizontal(水平显示，默认值)或 vertical(垂直显示)
android:columnCount	设置 GridLayout 有多少列，在 GridLayout 水平显示时使用
android:rowCount	设置 GridLayout 有多少行，在 GridLayout 垂直显示时使用

表 2-9　GridLayout 子元素的相关属性

属　性	作　用
android:layout_column	设置显示在第几列
android:layout_columnSpan	设置横向跨几列
android:columnWeight	设置剩余控件分配权重
android:layout_gravity	设置组件的对齐方式，其值可以为 center、left、right、buttom 等，如果想同时用两种的话，可以像 buttom|left 这样表示
android:layout_row	设置显示在第几行
android:layout_rowSpan	设置横向跨几行
android:columnWeight	设置剩余控件分配权重

【例 2-5】使用 GridLayout 创建计算器的界面。

(1) 创建一个工程，名称为 Ex02_05，包名为 com.my.Ex02_05。

(2) 打开 res/values/style/themes/themes.xml 文件，修改下列代码：

```
<style name="Theme.Ex02_05" parent=
"Theme.MaterialComponents.DayNight.DarkActionBar">
```

为：

```
<style name="Theme.Ex02_05" parent=
"Theme.MaterialComponents.DayNight.DarkActionBar.Bridge">
```

(3) 修改布局文件 activity_main.xml，代码如下：

```
<GridLayout xmlns:android="http://schemas.android.com/apk/res/android"
    xmlns:tools="http://schemas.android.com/tools"
    android:id="@+id/GridLayout1"
    android:layout_width="wrap_content"
    android:layout_height="wrap_content"
    android:rowCount="6"
    android:columnCount="4"
    android:orientation="horizontal">
    <TextView
        android:layout_columnSpan="4"
        android:text="0"
        android:textSize="50sp"
        android:layout_marginLeft="5dp"
        android:layout_marginRight="5dp" />
    <Button
```

```
        android:text="回退"
        android:layout_columnSpan="2"
        android:layout_gravity="fill" />
    <Button
        android:text="清空"
        android:layout_columnSpan="2"
        android:layout_gravity="fill"    />
    <Button android:text="+"  />
    <Button android:text="1" />
    <Button android:text="2"  />
    <Button android:text="3"   />
    <Button android:text="-" />
    <Button android:text="4" />
    <Button android:text="5"   />
    <Button android:text="6" />
    <Button android:text="*"   />
    <Button android:text="7" />
    <Button android:text="8" />
    <Button android:text="9" />
    <Button android:text="/"  />
    <Button android:text="." />
    <Button android:text="0" />
    <Button android:text="="  />
</GridLayout>
```

(4) 运行程序，结果如图 2-9 所示。

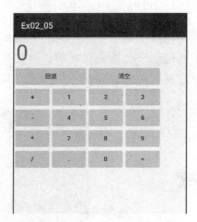

图 2-9　例 2-5 的程序运行结果

2.2.6　绝对布局 AbsoluteLayout 与布局的嵌套

绝对布局是通过控件相对于屏幕左上角的 x 坐标和 y 坐标进行定位的，这种布局方式现在已经被淘汰了。

有时使用某一种布局无法达成目标时，那么就需要多种布局进行嵌套，比如在 LinearLayout 中嵌套一个其他的布局。图 2-10 所示的注册界面使用一个 LinearLayout 完成不了，需要使用多个 LinearLayout 嵌套完成。首先在界面上放了一个垂直的 LinearLayout，在垂直的 LinearLayout 中放了一个 TextView，然后依次放了三个水平的 LinearLayout。

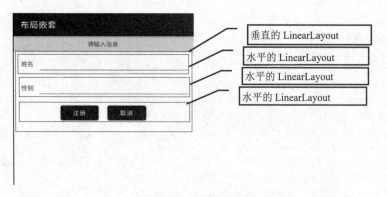

图 2-10 布局嵌套

2.2.7 约束布局 ConstraintLayout 及案例

约束布局是一个 ViewGroup，可以在 API 9 以上的 Android 系统中使用它，它的出现主要是为了解决布局嵌套过多的问题，以灵活的方式定位和调整小部件。从 Android Studio 2.3 起，创建 Android 工程时默认的布局为 ConstraintLayout。它有以下几个方面的优势。

(1) 功能强大，ConstraintLayout 基本可以完成所有其他布局能够完成的功能。

(2) 减少布局的嵌套，提升程序的性能。

(3) 可视化功能强大，大部分界面都可以在 ConstraintLayout 的可视化编辑区完成。

(4) 能够很好地解决屏幕适配的问题。

1. 向约束布局添加控件

要向约束布局添加一个控件，直接从主界面左侧的 Palette 选项中选中控件拖动到布局的相应位置释放鼠标即可。如要拖动一个按钮到布局，直接在 Palette 选项中选中 Button，按住鼠标左键拖动到布局中释放鼠标，即可添加一个按钮，其过程如图 2-11 所示。

图 2-11 给布局添加按钮

2. 给控件添加约束

约束布局上的每个控件可以添加上下左右四个方向的约束，但每个控件必须至少要添加两个方向的约束，一是水平方向的约束，二是垂直方向的约束，通过约束可以确定控件在布局中的位置。也可以通过对应的属性添加约束，相关属性参考后面部分。

图 2-11 中创建的程序运行后，按钮并不在它现在所在的位置，会自动出现在屏幕左上角，是因为按钮没有添加约束。怎么为按钮添加约束呢？选中按钮后，按钮的上下左右边的中心都有一个空心的圆圈，如图 2-12 所示，通过拖动这四个空心圆圈就可以为按钮添加上下左右约束。

图 2-12　按钮上的空心圆圈

如果要把按钮放在屏幕的中间，需要把鼠标指针放在上下左右的四个圆圈上按住鼠标左键拖动到预览区的上下左右四个边框后释放鼠标即可，添加约束的过程如图 2-13～图 2-16 所示。添加约束后，这几个空心圆圈变成实心，按钮放置在屏幕中间位置，效果如图 2-17 所示。

如果要把按钮放在屏幕的右上角，只需拖动上边和右边的两个空心圆圈到手机预览界面的上边框和右边框即可，添加约束后的效果如图 2-18 所示。

一个控件的约束除了可以相对于 ConstraintLayout 外，还可以相对于另外一个控件。如图 2-19 所示，要让 TextView2 和 TextView1 在同一水平线，需要给 TextView2 添加上下约束与 TextView1 上下对齐，过程及效果如图 2-19～图 2-22 所示。

添加约束还有一种方法，当把控件拖动到屏幕后，单击工具栏中的魔法棒工具，可以给所有的控件一次性添加约束。魔法棒工具如图 2-23 所示。

例如，界面中拖动控件后未添加约束的效果如图 2-24 所示，单击魔法棒工具后，一次性会给所有的控件添加约束，效果如图 2-25 所示，约束见图 2-25 上的蓝色线。

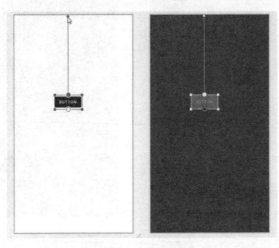

图 2-13　添加上边约束

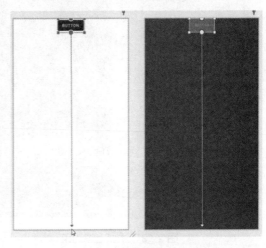

图 2-14　添加下边约束

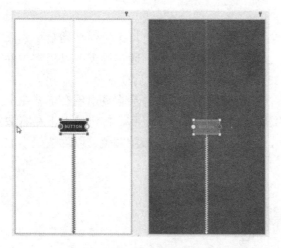

图 2-15　添加左边约束

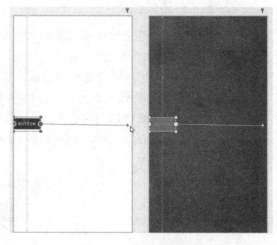

图 2-16　添加右边约束

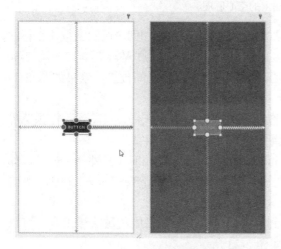

图 2-17　按钮放置在屏幕中间

图 2-18　通过约束把按钮放在屏幕右上角

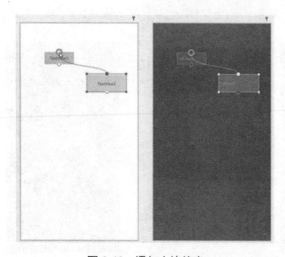

图 2-19　添加上边约束

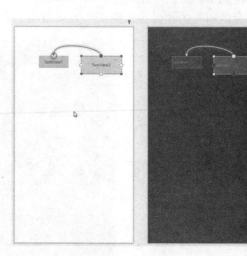

图 2-20　上边约束添加成功

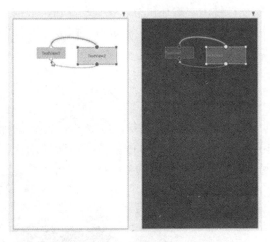
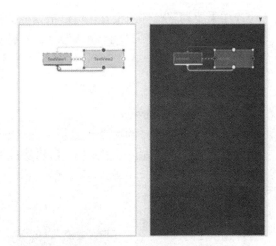

图 2-21　添加下边约束　　　　　　图 2-22　下边约束添加成功

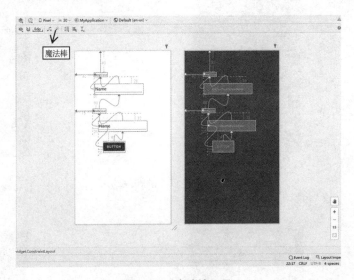

图 2-23　魔法棒工具

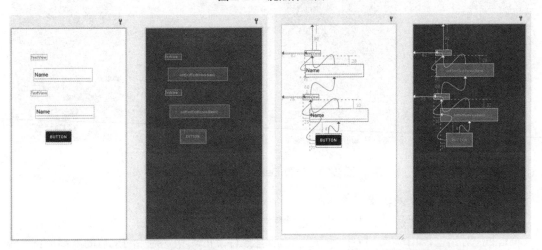

图 2-24　未添加约束的效果　　　　　图 2-25　自动添加约束后的效果

如果要调整控件的位置，可以把鼠标指针放在控件上，按住鼠标左键拖动即可，但需要注意的是，因为控件之间有约束关系，当拖动一个控件时，有可能影响与它相关的控件的位置。

3. 删除约束

(1) 删除单个约束。

　　选中一个控件，约束就会显示出来。删除一个单独约束的方法是，按住 Ctrl 键将鼠标指针悬浮在某个约束的圆圈上，然后该圆圈会变成红色，这时单击鼠标即可删除约束，如图 2-26 所示。也可以鼠标单击约束线选中约束，然后按键盘上的 Delete 键即可删除该约束，如图 2-27 所示。

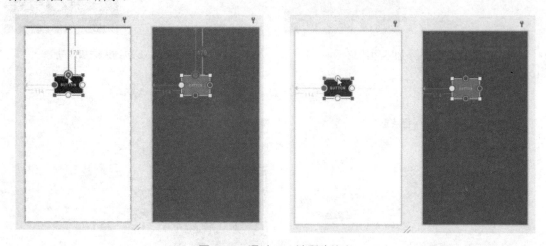

图 2-26　通过 Ctrl 键删除约束

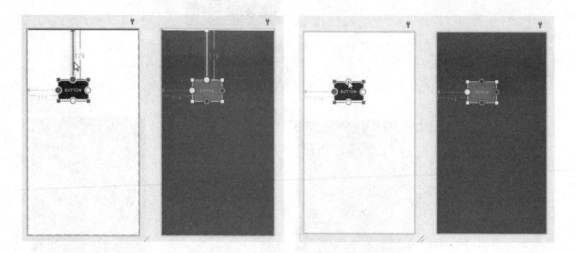

图 2-27　通过 Delete 键删除约束

(2) 删除所有控件的约束。

　　单击如图 2-28 所示界面中的"删除所有约束"图标，弹出如图 2-29 所示的 Clear All Constraints 对话框，单击 Yes 按钮，即可删除所有控件上的约束，删除约束后的效果如图 2-30 所示。

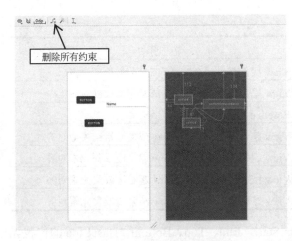

删除所有约束

图 2-28　未删除约束时的效果

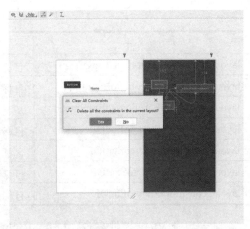

图 2-29　Clear All Constraints 对话框

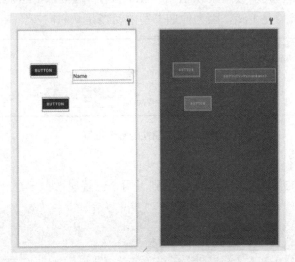

图 2-30　删除约束后的效果

4. 相对定位属性

这些属性主要是用来对 View 控件进行定位，可以指定一个 View 控件相对于另一个 View 控件的相对位置或一个 View 控件相对于布局的位置。前面通过可视化方法添加约束实际上也是通过这些属性对控件进行定位的。常用的相对定位属性如表 2-10 所示。

表 2-10　相对定位属性

属　　性	说　　明
layout_constraintLeft_toLeftOf	目标 View 左边与另一个 View 或父元素左边对齐
layout_constraintLeft_toRightOf	目标 View 左边与另一个 View 或父元素右边对齐
layout_constraintRight_toLeftOf	目标 View 右边与另一个 View 或父元素左边对齐
layout_constraintRight_toRightOf	目标 View 右边与另一个 View 或父元素右边对齐
layout_constraintTop_toTopOf	目标 View 顶部与另一个 View 或父元素顶部对齐
layout_constraintTop_toBottomOf	目标 View 顶部与另一个 View 或父元素底部对齐

续表

属 性	说 明
layout_constraintBottom_toTopOf	目标 View 底部与另一个 View 或父元素顶部对齐
layout_constraintBottom_toBottomOf	目标 View 底部与另一个 View 或父元素底部对齐
layout_constraintBaseline_toBaselineOf	基于 Baseline 对齐
layout_constraintStart_toEndOf	目标 View 起始边与另一个 View 或父元素结束边对齐
layout_constraintStart_toStartOf	目标 View 起始边与另一个 View 起始边或父元素对齐
layout_constraintEnd_toStartOf	目标 View 结束边与另一个 View 起始边或父元素对齐
layout_constraintEnd_toEndOf	目标 View 结束边与另一个 View 结束边或父元素对齐

对于一个 View 控件来说,Left、Right、Start、End、Top、Bottom、BaseLine 的位置如图 2-31 所示。在中国和大多数国家 Start 和 Left 相同,Right 和 End 相同。只有少数国家的 Start 就是 Right,End 就是 Left,因为他们书写的习惯是从右向左。

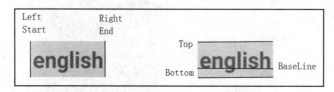

图 2-31　控件的各个位置

相对定位属性举例说明如下。

(1) 有一个按钮控件,其代码如下,用到了两个位置属性:

```
<Button
  android:id="@+id/button"
  android:layout_width="wrap_content"
  android:layout_height="wrap_content"
  android:text="Button"
  app:layout_constraintRight_toRightOf="parent"    按钮右边与父元素右边对齐
  app:layout_constraintTop_toTopOf="parent"    按钮顶部与父元素顶部对齐
  />
```

按钮被放在了屏幕的右上角,效果如图 2-32 所示。

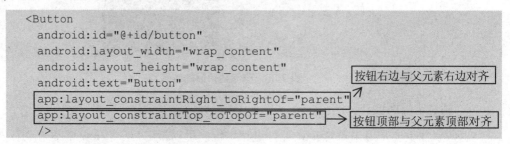

图 2-32　按钮在屏幕的右上角

(2) 有一个按钮控件,其代码如下,用到了四个位置属性:

```
<Button
  android:id="@+id/button"
  android:layout_width="wrap_content"
  android:layout_height="wrap_content"
```

```
    android:text="Button"
    app:layout_constrainLeft_toLeftOf="parent"      ──→  按钮左边与父元素左边对齐
    app:layout_constraintRight_toRightOf="parent"   ──→  按钮右边与父元素右边对齐
    app:layout_constraintTop_toTopOf="parent"       ──→  按钮顶部与父元素顶部对齐
    app:layout_constraintBottom_toBottomOf="parent" ──→  按钮底部与父元素底部对齐
/>
```

按钮控件用到的四个属性同时设置按钮的左边和 parent 的左边对齐，按钮的右边与父元素的右边对齐，这样设置按钮会在屏幕水平的中间；同时设置按钮的顶部与父元素的顶部对齐，按钮的底部与父元素的底部对齐，这样设置按钮会在屏幕垂直方向的中间。效果如图 2-33 所示。

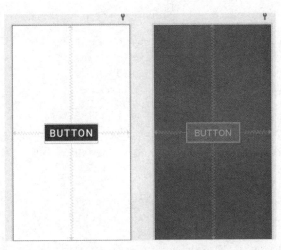

图 2-33　按钮在屏幕的中央

(3) 有两个 TextView 控件，其代码如下，其中 tv2 用到了两个位置属性：

```
<TextView
    android:id="@+id/tv1"
    android:layout_width="wrap_content"
    android:layout_height="wrap_content"
    android:layout_marginTop="159dp"
    android:text="TextView1"
    android:textSize="30sp"
    app:layout_constraintStart_toStartOf="parent"
    app:layout_constraintTop_toTopOf="parent" />
<TextView
    android:id="@+id/tv2"
    android:layout_width="wrap_content"
    android:layout_height="wrap_content"
    android:background="#dedede"
    android:text="TextView2"
    android:textSize="50sp"
    app:layout_constraintLeft_toLeftOf="@+id/tv1"    ──→  tv2 的左边与 tv1 的左边对齐
    app:layout_constraintTop_toBottomOf="@+id/tv1"   ──→  tv2 的顶部与 tv1 的底部对
     />                                                    齐，即 tv2 放在 tv1 的下边
```

tv2 设置了两个属性，分别设置左边与 tv1 的左边对齐，顶部与 tv1 的底部对齐(即 tv2

放在 tv1 的下面),效果如图 2-34 所示。

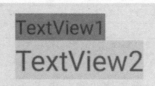

图 2-34   tv2 和 tv1 的位置效果(两个属性)

(4) 有两个 TextView 控件,其代码如下,其中 tv2 用到了三个位置属性:

```
<TextView
    android:id="@+id/tv1"
    android:layout_width="wrap_content"
    android:layout_height="wrap_content"
    android:layout_marginTop="159dp"
    android:text="Text1"
    android:background="#999"
    android:textSize="30dp"
    app:layout_constraintStart_toStartOf="parent"
    app:layout_constraintTop_toTopOf="parent" />
<TextView
    android:id="@+id/tv2"
    android:layout_width="wrap_content"
    android:layout_height="wrap_content"
    android:background="#dedede"
    android:text="TextView"
    android:textSize="30dp"
    app:layout_constraintLeft_toLeftOf="@+id/tv1"      tv2 的左边与 tv1 的左边对齐
    app:layout_constrainRight_toRightOf="@+id/tv1"     tv2 的右边与 tv1 的右边对齐
    app:layout_constraintTop_toBottomOf="@+id/tv1"     tv2 的顶部与 tv1 的底部对
    />                                                 齐,即 tv2 放在 tv1 的下边
```

同时设置 tv2 的左边与 tv1 的左边对齐,tv2 的右边与 tv1 的右边对齐,相当于设置 tv1 和 tv2 水平居中对齐,效果如图 2-35 所示。

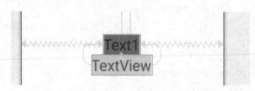

图 2-35   tv2 和 tv1 的位置效果(三个属性)

同理,要把两个控件设置为垂直居中对齐,就要同时设置它们的上边与上边对齐,下边与下边对齐。

(5) 有一个 TextView 控件,tv2 的代码如下:

```
<TextView
    android:id="@+id/tv2"
    android:layout_width="wrap_content"
```

```
android:layout_height="wrap_content"
android:background="#dedede"
android:text="English"
android:textSize="30dp"
app:layout_constraintBaseline_toBaselineOf="@+id/tv1"    tv2 的基线与 tv1 基线对齐
    app:layout_constraintRight_toRightOf="parent"
    />
```

上面的代码中设置了 tv2 与 tv1 的基线对齐，效果如图 2-36 所示。

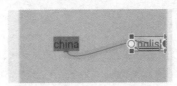

图 2-36   tv2 与 tv1 基线对齐

【例 2-6】使用 ConstrainLayout 制作如图 2-37 所示的登录页面。

图 2-37   登录页面

代码如下：

```
<?xml version="1.0" encoding="utf-8"?>
<androidx.constraintlayout.widget.ConstraintLayout
    xmlns:android="http://schemas.android.com/apk/res/android"
    xmlns:app="http://schemas.android.com/apk/res-auto"
    xmlns:tools="http://schemas.android.com/tools"
    android:layout_width="match_parent"
    android:layout_height="match_parent"
    tools:context=".MainActivity">
    <ImageView
        android:id="@+id/imageView"
        android:layout_width="90dp"
        android:layout_height="90dp"
        android:layout_marginTop="28dp"
```

```
        app:layout_constraintEnd_toEndOf="parent"
        app:layout_constraintStart_toStartOf="parent"
        app:layout_constraintTop_toTopOf="parent"
        app:srcCompat="@drawable/tx" />
<TextView
        android:id="@+id/textView"
        android:layout_width="wrap_content"
        android:layout_height="wrap_content"
        android:layout_marginStart="39dp"
        android:layout_marginLeft="39dp"
        android:text="用户名"
        android:textSize="25sp"
        app:layout_constraintBottom_toBottomOf="@+id/editTextTextPersonName"
        app:layout_constraintStart_toStartOf="parent" />
<TextView
        android:id="@+id/textView2"
        android:layout_width="wrap_content"
        android:layout_height="wrap_content"
        android:layout_marginStart="39dp"
        android:layout_marginLeft="39dp"
        android:layout_marginTop="33dp"
        android:text="密码"
        android:textSize="25sp"
        app:layout_constraintStart_toStartOf="parent"
        app:layout_constraintTop_toBottomOf="@+id/textView" />
<EditText
        android:id="@+id/editTextTextPersonName"
        android:layout_width="wrap_content"
        android:layout_height="wrap_content"
        android:layout_marginStart="28dp"
        android:layout_marginLeft="28dp"
        android:layout_marginTop="15dp"
        android:ems="10"
        android:inputType="textPersonName"
        android:text=""
        app:layout_constraintStart_toEndOf="@+id/textView"
        app:layout_constraintTop_toBottomOf="@+id/imageView" />
<EditText
        android:id="@+id/editTextTextPersonName2"
        android:layout_width="wrap_content"
        android:layout_height="wrap_content"
        android:layout_marginTop="21dp"
        android:ems="10"
        android:inputType="textPersonName"
        android:text=""
        app:layout_constraintStart_toStartOf="@+id/editTextTextPersonName"
        app:layout_constraintTop_toBottomOf="@+id/editTextTextPersonName" />
<Button
        android:id="@+id/button"
        android:layout_width="wrap_content"
        android:layout_height="wrap_content"
```

```
            android:layout_marginStart="20dp"
            android:layout_marginLeft="20dp"
            android:layout_marginTop="40dp"
            android:text="登录"
            android:textSize="25sp"
            app:layout_constraintStart_toEndOf="@+id/textView2"
            app:layout_constraintTop_toBottomOf="@+id/editTextTextPersonName2" />
    <TextView
            android:id="@+id/textView3"
            android:layout_width="wrap_content"
            android:layout_height="wrap_content"
            android:layout_marginBottom="37dp"
            android:text="版权所有 XXXX 公司"
            app:layout_constraintBottom_toBottomOf="parent"
            app:layout_constraintEnd_toEndOf="parent"
            app:layout_constraintStart_toStartOf="parent" />
</androidx.constraintlayout.widget.ConstraintLayout>
```

运行程序，结果如图 2-37 所示。

5. 位置偏移 Bias 属性

Bias 属性主要是用来设置水平和垂直方向上的位置偏移量，Bias 属性有以下两个。

(1) app:layout_constraintHorizontal_bias：设置水平约束后水平方向的偏移属性；当组件左侧和右侧(或者开始和结束)两边被约束后，两个联系之间的比例；使用该属性要求在水平的左右方向必须有一个约束，否则不起作用。

例如，一个 TextView 控件显示在屏幕水平中间的效果如图 2-38 所示。如果要让 TextView 向左偏移，需要把 app:layout_constraintHorizontal_bias 属性设置为 0.2(或小于 0.5 的值)，效果如图 2-39 所示。

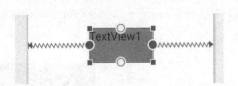

图 2-38 TextView 控件效果

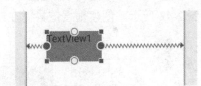

图 2-39 设置了 Bias 属性后的效果

(2) app:layout_constraintVertical_bias：设置水平约束后垂直方向的偏移属性，当组件上边和右边两边被约束后，两个联系之间的比例；使用该属性时要求在水平的垂直方向必须有一个约束，否则不起作用。

6. Chain 约束链

(1) Chain 约束链的定义。

顾名思义，约束链就是把几个控件像链条一样连接起来，如图 2-40 所示。如果两个或两个以上的控件首尾相连，就可以构成一个链(这里为水平链，垂直链同理)，Chain 约束链是一种特殊的约束，让多个连接的 Views 能够平分剩余空间，位置像 LinearLayout 的权重，不过还扩展了很多功能。

(2) 链条样式(Chain Style)。

水平链的样式由链上的第一个元素的 layout_constraintHorizontal_chainStyle 属性值决定。垂直链的样式由链上的第一个元素的 layout_constraintVertical_chainStyle 属性值决定。链样式的值有三种，这三种样式效果如图 2-41 所示。

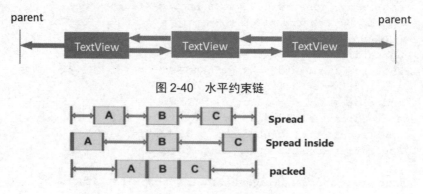

图 2-40　水平约束链

图 2-41　Chain 样式的效果

Chain 约束链的三种样式的含义如下。

- Spread：链中控件平分横向或纵向空间。
- Spread Inside：两端两个控件靠边对齐，中间的控件平分剩下的空间。
- packed：链中控件，即把控件都挤在中间显示，两边留的剩余空间一样多。

(3) 创建水平 Chain 约束链。

① 先在界面中创建多个组件(按住 Ctrl 键依次单击)，其方向呈水平放置或垂直放置，此处创建水平方向的 Chain 约束链。

② 选中一组组件后，右击，在弹出的快捷菜单中选择 Chains → Create Horizontal Chain 命令，即创建了一个水平方向的 Chains 约束链。创建过程如图 2-42 所示。创建水平链后，效果如图 2-43 所示。创建垂直链只需在图 2-42 中选择 Chains → Create Vertical Chain 命令即可。

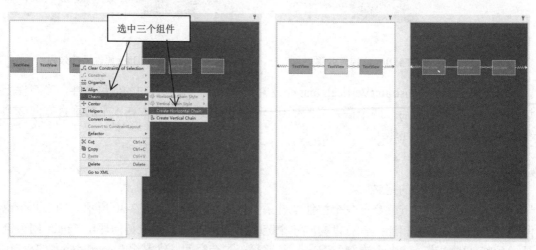

图 2-42　创建 Chain　　　　　图 2-43　创建 Chain 后的效果

如果要让水平链上的所有控件扩展宽度，宽度占满整个屏幕，只需设置链上的所有控件的 android:layout_width="0dp"即可。图 2-43 要达到图 2-44 所示的效果，只需设置三个
TextView 控件的 android:layout_width="0dp"即可。

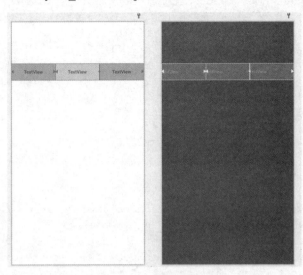

图 2-44　占满屏幕的效果

对应的代码如下：

```xml
<?xml version="1.0" encoding="utf-8"?>
<androidx.constraintlayout.widget.ConstraintLayout
    xmlns:android="http://schemas.android.com/apk/res/android"
    xmlns:app="http://schemas.android.com/apk/res-auto"
    xmlns:tools="http://schemas.android.com/tools"
    android:layout_width="match_parent"
    android:layout_height="match_parent"
    app:layout_constraintVertical_bias="0.5"
    tools:context=".MainActivity">
    <TextView
        android:id="@+id/textView1"
        android:layout_width="137dp"
        android:layout_height="50dp"
        android:layout_marginTop="108dp"
        android:background="#ff99cc"
        android:gravity="center"
        android:text="TextView"
        android:textStyle="bold"
        app:layout_constraintEnd_toStartOf="@+id/textView2"
        app:layout_constraintHorizontal_bias="0.5"
        app:layout_constraintStart_toStartOf="parent"
        app:layout_constraintTop_toTopOf="parent" />
    <TextView
        android:id="@+id/textView2"
        android:layout_width="137dp"
        android:layout_height="50dp"
        android:background="#ffcc99"
        android:gravity="center"
```

```
        android:text="TextView"
        android:textStyle="bold"
        app:layout_constraintBottom_toBottomOf="@+id/textView1"
        app:layout_constraintEnd_toStartOf="@+id/textView3"
        app:layout_constraintHorizontal_bias="0.5"
        app:layout_constraintStart_toEndOf="@+id/textView1"
        app:layout_constraintTop_toTopOf="@+id/textView1" />
    <TextView
        android:id="@+id/textView3"
        android:layout_width="137dp"
        android:layout_height="50dp"
        android:background="#ff99cc"
        android:gravity="center"
        android:text="TextView"
        android:textStyle="bold"
        app:layout_constraintBottom_toBottomOf="@+id/textView2"
        app:layout_constraintEnd_toEndOf="parent"
        app:layout_constraintHorizontal_bias="0.5"
        app:layout_constraintStart_toEndOf="@+id/textView2"
        app:layout_constraintTop_toTopOf="@+id/textView2" />
</androidx.constraintlayout.widget.ConstraintLayout>
```

7. 辅助线 Guideline

辅助线可以帮助我们对控件进行精确定位，我们的控件可以相对于辅助线创建约束，辅助线在编辑状态下可见，但程序运行后是不可见的。而且辅助线可以以百分比为单位，如果控件以辅助线创建约束，可以更好地进行屏幕适配。辅助线分为垂直辅助线和水平辅助线两种。

创建辅助线的步骤如图 2-45 所示。创建一条水平辅助线和一条垂直辅助线的效果如图 2-46 所示。

辅助线的常用属性如表 2-11 所示。

复制辅助线的方法是：选中辅助线，按 Ctrl+C 快捷键可以复制辅助线，然后按 Ctrl+V 快捷键粘贴辅助线。

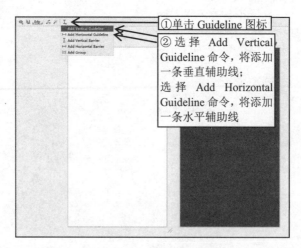

图 2-45　插入辅助线的步骤

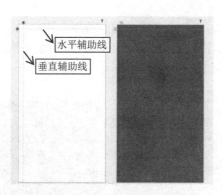

图 2-46　插入辅助线后的效果

表 2-11　辅助线的常用属性

属　性	说　明
android:orientation	取值为 horizontal 和 vertical。 horizontal 表示水平方向辅助线，vertical 表示垂直方向辅助线
app:layout_constraintGuide_begin	设置辅助线的尺寸定位方式为 begin，表示水平辅助线距离屏幕上边的距离或设置垂直辅助线到左边的距离，单位为 dp
app:layout_constraintGuide_end	设置辅助线的尺寸定位方式为 end，表示水平辅助线距离屏幕下边的距离或设置垂直辅助线到右边的距离，单位为 dp
app:layout_constraintGuide_percent	设置辅助线的尺寸定位方式为 percent，以百分比表示水平辅助线到上边的距离或垂直辅助线到左边的距离

移动辅助线的方法是：把光标移动到辅助线上，当鼠标指针变成双箭头时，按住鼠标左键沿着箭头方向拖动可以移动辅助线。

说明：　表中的 app:layout_constraintGuide_begin 属性、app:layout_constraintGuide_end
属性及 app:layout_constraintGuide_percent 属性用来设置辅助线的尺寸定位方
式，这三个属性只能设置一个，单击图 2-46 中的垂直辅助线上方的三角形图
标◀或水平辅助线左边的三角形图标▲，可以在三个属性之间切换或通过修
改代码来切换。

【例 2-7】利用辅助线制作一个登录界面。

(1) 创建一个工程 Ex02_07，包名为 com.my.Ex02_07。

(2) 把图片文件 tx.png 拷贝到 res 目录的 drawable 文件夹下。

(3) 打开主界面文件 activity_main.xml，并切换到设计状态，单击如图 2-47 所示的 Ⅰ 按
钮，选择 Add Horizontal Guideline 命令，在界面上添加一条水平辅助线。单击水平辅助线
左侧的图标◀，将尺寸方式修改为百分比，并拖动水平辅助线到 5%的位置。

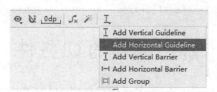

图 2-47　添加水平辅助线

(4) 用同样的方法再添加 6 条水平辅助线，分别在 5%、20%、30%、40%、50%、92% 的位置。再添加两条垂直辅助线，分别在 30% 和 90% 的位置。添加好辅助线后的效果如图 2-48 所示。

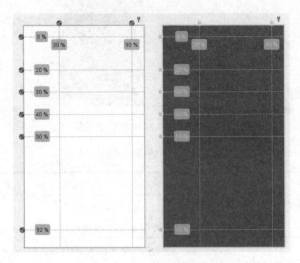

图 2-48　添加辅助线后的效果

(5) 拖动需要的控件到相应的位置，并添加控件的约束(约束见效果图，建议使用拖动法添加约束)，完成后的效果如图 2-49 所示。

(6) 运行程序，结果如图 2-50 所示，读者可以使用不同的模拟器运行该程序，以查看效果。

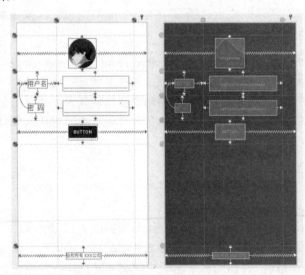

图 2-49　添加约束后的控件效果　　　　图 2-50　例 2-7 的程序运行结果

2.3　基本的 UI 控件

Android 应用程序的界面是由控件组成的，Android 中的控件很多，我们把一些很常用但是使用相对简单的控件叫作基本的 UI 控件。Android 中的基本控件一般有 TextView、

Button、ImageButton、EditText、ImageView、RadioButton、CheckBox 等。Android 的控件一般在 res 目录的 layout 文件夹的布局文件中用 XML 代码声明，也可以用 Java 代码声明，本书只介绍如何使用 XML 代码声明控件。

2.3.1　TextView 控件和 EditText 控件

TextView 和 EditText 属于文本类控件，主要用来显示文本。

1. TextView 控件

TextView 控件是 Android 程序开发中常用的控件之一，主要用来显示信息，但不能输入信息。其常用属性如表 2-12 所示。

表 2-12　TextView 控件的常用属性

属　性	说　明
android:layout_width	设置 TextView 的宽度
android:layout_height	设置 TextView 的高度
android:id	设置 TextView 的 ID
android:background	设置 TextView 的背景
android:text	设置 TextView 上显示的文本
android:textColor	设置文字显示的颜色
android:textSize	设置 TextView 文字大小，推荐单位为 sp
android:textStyle	设置 TextView 文字的样式，有三个值：normal(正常)、bold(加粗)和 italic(倾斜)
android:ellipsize	如果设置该属性，当 TextView 中的文字超过 TextView 的宽度时，会显示省略号，其值可以为 start、end、middle 等，该属性值为 middle 时，省略号显示在中间

TextView 的语法格式为：

```
<TextView
    属性列表
/>
```

【例 2-8】TextView 的使用。

(1) 创建一个工程 Ex02_08，包名为 Ex02_08。

(2) 修改界面布局文件 activity_main.xml，其代码如下：

```xml
<?xml version="1.0" encoding="utf-8"?>
<androidx.constraintlayout.widget.ConstraintLayout
    xmlns:android="http://schemas.android.com/apk/res/android"
    xmlns:app="http://schemas.android.com/apk/res-auto"
    xmlns:tools="http://schemas.android.com/tools"
    android:layout_width="match_parent"
    android:layout_height="match_parent"
    tools:context=".MainActivity">
    <TextView
        android:id="@+id/textView"
        android:layout_width="match_parent"
```

```
        android:layout_height="60dp"
        android:textColor="#ff0000"
        android:background="#faebd7"
        android:textSize="20sp"
        android:gravity="center"
        android:textStyle="bold|italic"
        android:text="读书可以提高人的自身修养和气质"
        />
</androidx.constraintlayout.widget.ConstraintLayout>
```

(3) 运行程序，结果如图 2-51 所示。

图 2-51　例 2-8 的程序运行结果

2. EditText

EditText 又叫文本框，用来进行文本信息的输入。例如，登录界面上用户名和密码的输入就需要 EditText。EditText 除了具有 View 的常用属性外，还有一些其他的常用属性，如表 2-13 所示。

表 2-13　EditText 的常用属性

属　　性	说　　明
android:hint	设置内容为空时的提示文字，当输入信息后，提示文字自动消失
android:textColorHint	设置提示文字的颜色
android:inputType	设置文本框的类型，常用的值有：textPassword(密码框)、text(文本框)、number(数字文本框)、numberPassword(数字密码框)等
android:drawableLeft	在左边添加图片
android:drawableRight	在右边添加图片
android:drawableTop	在上边添加图片
android:drawableBottom	在下边添加图片
android:drawablePadding	设置 EditText 中的图片与文字之间的距离

EditText 的语法为：

```
<EditText
    android:layout_width=""
    android:layout_height=""
    ... />
```

【例 2-9】EditText 应用举例。

(1) 创建一个工程 Ex02_09，包名为 Ex02_09。

(2) 给工程添加图标 person。

在工程的 res 目录下的 drawable 文件夹上单击鼠标右键,在弹出的快捷菜单中选择 New →Vector Asset 命令，打开如图 2-52 所示的 Asset Studio 对话框。在该对话框中，单击矩形框中的人形按钮，弹出如图 2-53 所示的 Select Icon 对话框，选择人形图标后，单击 OK 按钮，返回到图 2-52，先单击 Next 按钮，在接下来的界面中单击 Finish 按钮，即可把人形图标添加到 Drawable 文件夹中。

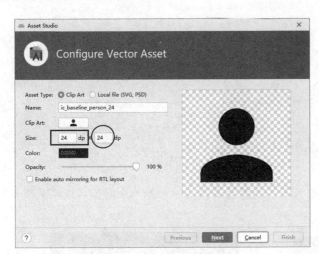

图 2-52　Asset Studio 对话框

图 2-53　Select Icon 对话框

(3) 打开布局文件 activity_main.xml，添加三个 EditText，并设置相关属性，需要设置的关键属性在下面的代码中以斜体显示，activity_main.xml 代码如下:

```xml
<?xml version="1.0" encoding="utf-8"?>
<androidx.constraintlayout.widget.ConstraintLayout
    xmlns:android="http://schemas.android.com/apk/res/android"
    xmlns:app="http://schemas.android.com/apk/res-auto"
    xmlns:tools="http://schemas.android.com/tools"
    android:layout_width="match_parent"
    android:layout_height="match_parent"
    android:padding="30dp"
    >
<EditText
    android:id="@+id/editText"
    android:layout_width="match_parent"
    android:layout_height="wrap_content"
    android:layout_marginTop="96dp"
    android:drawableLeft="@drawable/ic_baseline_person_24"
    android:drawablePadding="20dp"
    android:hint="请输入用户名(带图片文本框)"
    app:layout_constraintEnd_toEndOf="parent"
    app:layout_constraintStart_toStartOf="parent"
    app:layout_constraintTop_toTopOf="parent"  />
```

```
<EditText
    android:id="@+id/editText2"
    android:layout_width="match_parent"
    android:layout_height="wrap_content"
    android:layout_marginTop="184dp"
    android:hint="请输入密码(密码框)"
    android:inputType="textPassword"
    app:layout_constraintStart_toStartOf="parent"
    app:layout_constraintTop_toTopOf="parent" />
<EditText
    android:id="@+id/editTextTextPersonName"
    android:layout_width="match_parent"
    android:layout_height="wrap_content"
    android:layout_marginTop="16dp"
    android:ems="10"
    android:hint="请输入内容(普通文本框)"
    android:inputType="textPersonName"
    android:text=""
    app:layout_constraintTop_toTopOf="parent"
    tools:layout_editor_absoluteX="50dp" />
</androidx.constraintlayout.widget.ConstraintLayout>
```

(4) 运行程序,结果如图 2-54 所示,当在三个文本框中分别输入信息后,效果如图 2-55 所示。

图 2-54　文本框中未输入信息时的效果　　　图 2-55　文本框中输入信息后的效果

2.3.2　Button 控件和 ImageButton 控件

1. Button

Button 是 Android 程序开发过程中较为常用的一类控件。对于按钮来说,我们最关注的是它的单击事件,即 onclick 事件,当用户单击按钮后将会触发按钮的单击事件,我们通过响应按钮的单击事件即可完成一系列工作。按钮的用法是:在程序中调用 findViewById(按钮 ID),得到在 XML 布局文件中声明的按钮,然后给按钮添加单击事件的监听器。

使用 XML 代码创建 Button 的语法如下:

```
<Button
    android:layout_width=""
    android:layout_height=""
    ...

/>
```

给按钮添加监听器的方法有四种。分别是使用按钮的 onClick 属性、使用匿名内部类、使用当前 Activity 实现 OnClickListener 接口、使用内部类。其中前两种方法比较适合按钮个数比较少的情况。下面对这几种方法进行介绍。

(1) 使用按钮的 onClick 属性添加监听器。

在 XML 布局文件中设置 Button 的 onClick 属性，代码如下：

```
android:onClick="Myclick"
```

然后在该布局文件对应的 Activity 中实现 Myclick 方法：

```
public void Myclick (View view) {
    // Do something in response to button click
}
```

说明：　① android:onClick="Myclick"的含义是，当单击按钮时执行 Myclick 方法。

　　　　② Myclick 方法必须满足 3 个条件：类型必须为 public；返回值必须为 void；只有一个参数，参数的类型必须为 View 类型，这个 View 类型的参数就代表是被用户单击的按钮。

(2) 使用匿名内部类添加监听器。

假设按钮的名称为 btn，使用匿名内部类添加监听器的格式如下：

```
btn.setOnClickListener(new View.OnClickListener() {
@Override
public void onClick(View view) {
//实现单击事件的代码
}
});
```

(3) 通过使用当前 Activity 实现 OnClickListener 接口来添加监听器。

假设使用这种方法给 btn 按钮添加监听器，其步骤如下：

```
public class Activity extends AppCompatActivity implements View.OnClickListener{
    @Override
    protected void onCreate(Bundle savedInstanceState) {
    ...
        btn.setOnClickListener(this); //设置 Button 控件的单击监听事件
    }
    @Override
    public void onClick(View view) {
    //实现单击事件的代码
    }
}
```

(4) 使用内部类添加监听器。

使用这种方法添加监听器也有两个步骤，假设给 btn 按钮添加监听器：

```
Public class Activity extends AppCompatActivity {
    @Override
    protected void onCreate(Bundle savedInstanceState) {
    ...
        btn.setOnClickListener(new  AA()); //设置 Button 控件的单击监听事件
    }
    //定义一个内部类 AA 实现 onClickListener 接口
    class AA  implements View.OnClickListener
        {
        @Override
        public void onClick(View view) {
        //实现单击事件的代码
        }
    }
```

【例 2-10】 编写程序，当单击按钮 1 后，界面上的 TextView 的文字变成"你点击了按钮 1"，当单击按钮 2 后，TextView 的文字变成"你点击了按钮 2"。

(1) 创建一个项目，名称为 Ex02_10，包名为 com.my.Ex02_10。

(2) 修改布局文件 activity_main.xml，其代码如下：

```
<?xml version="1.0" encoding="utf-8"?>
<androidx.constraintlayout.widget.ConstraintLayout
    xmlns:android="http://schemas.android.com/apk/res/android"
    xmlns:app="http://schemas.android.com/apk/res-auto"
    xmlns:tools="http://schemas.android.com/tools"
    android:layout_width="match_parent"
    android:layout_height="match_parent"
    tools:context=".MainActivity">
    <TextView
        android:id="@+id/textView"
        android:layout_width="0dp"
        android:layout_height="wrap_content"
        android:layout_marginTop="26dp"
        android:text="按钮最重要的事件是单击事件"
        android:textSize="25sp"
        app:layout_constraintEnd_toEndOf="parent"
        app:layout_constraintStart_toStartOf="parent"
        app:layout_constraintTop_toTopOf="parent" />
    <Button
        android:id="@+id/btn1"
        android:layout_width="wrap_content"
        android:layout_height="wrap_content"
        android:layout_marginStart="56dp"
        android:layout_marginLeft="56dp"
        android:layout_marginTop="34dp"
        android:layout_marginEnd="54dp"
        android:layout_marginRight="54dp"
        android:onClick="Myclick"
        android:text="按钮 1"
```

```
    android:textSize="20sp"
    app:layout_constraintEnd_toStartOf="@+id/btn2"
    app:layout_constraintStart_toStartOf="@+id/textView"
    app:layout_constraintTop_toBottomOf="@+id/textView" />
<Button
    android:id="@+id/btn2"
    android:layout_width="wrap_content"
    android:layout_height="wrap_content"
    android:layout_marginTop="31dp"
    android:layout_marginEnd="121dp"
    android:layout_marginRight="121dp"
    android:text="按钮 2"
    android:textSize="20sp"
    app:layout_constraintEnd_toEndOf="@+id/textView"
    app:layout_constraintTop_toBottomOf="@+id/textView" />
</androidx.constraintlayout.widget.ConstraintLayout>
```

(3) 修改主文件 MainActivity.java，其代码如下：

```java
package com.my.Ex02_10;
import androidx.appcompat.app.AppCompatActivity;
import android.graphics.Color;
import android.os.Bundle;
import android.view.View;
import android.widget.Button;
import android.widget.TextView;
public class MainActivity extends AppCompatActivity {
  //定义控件
    TextView tv;
    Button btn;
    @Override
    protected void onCreate(Bundle savedInstanceState) {
        super.onCreate(savedInstanceState);
        setContentView(R.layout.activity_main);
        //获取控件
        tv=(TextView)findViewById(R.id.textView);
        btn=(Button)findViewById(R.id.btn2);//获取第 2 个按钮
        //给 btn 添加单击事件 (使用匿名内部类添加)
        btn.setOnClickListener(new View.OnClickListener() {
           @Override
           public void onClick(View v) {
              tv.setText("你点击了按钮 2");
           }
        });
    }
    /*
    * 定义方法 Myclick 响应按钮 1 的 onClick 事件
    */
    public  void Myclick(View view) {
        tv.setText("你点击了按钮 1");
    }
}
```

(4) 程序运行后，结果如图 2-56 所示，单击按钮 1 后，效果如图 2-57 所示，单击按钮 2 后，效果如图 2-58 所示。本案例中，按钮 1 使用 onClick 属性添加监听器，按钮 2 使用匿名内部类添加监听器。

图 2-56 程序运行结果　　　图 2-57 单击按钮 1 后的效果　　　图 2-58 单击按钮 2 后的效果

【**例 2-11**】使用当前 Activity 实现以 OnClickListener 的方式来完成例 2-10。

(1) 建立项目 Ex02_11，包名为 com.my.ex02_11。

(2) 修改 activity_main.xml 文件，其代码如下：

```xml
<?xml version="1.0" encoding="utf-8"?>
<androidx.constraintlayout.widget.ConstraintLayout
    xmlns:android="http://schemas.android.com/apk/res/android"
    xmlns:app="http://schemas.android.com/apk/res-auto"
    xmlns:tools="http://schemas.android.com/tools"
    android:layout_width="match_parent"
    android:layout_height="match_parent"
    tools:context=".MainActivity">
    <TextView
        android:id="@+id/textView"
        android:layout_width="0dp"
        android:layout_height="wrap_content"
        android:layout_marginTop="26dp"
        android:text="按钮最重要的事件是单击事件"
        android:textSize="25sp"
        app:layout_constraintEnd_toEndOf="parent"
        app:layout_constraintStart_toStartOf="parent"
        app:layout_constraintTop_toTopOf="parent" />
    <Button
        android:id="@+id/btn1"
        android:layout_width="wrap_content"
        android:layout_height="wrap_content"
        android:layout_marginStart="56dp"
        android:layout_marginLeft="56dp"
        android:layout_marginTop="34dp"
        android:layout_marginEnd="54dp"
        android:layout_marginRight="54dp"
        android:text="按钮 1"
        android:textSize="20sp"
```

```
        app:layout_constraintEnd_toStartOf="@+id/btn2"
        app:layout_constraintStart_toStartOf="@+id/textView"
        app:layout_constraintTop_toBottomOf="@+id/textView" />
    <Button
        android:id="@+id/btn2"
        android:layout_width="wrap_content"
        android:layout_height="wrap_content"
        android:layout_marginTop="31dp"
        android:layout_marginEnd="121dp"
        android:layout_marginRight="121dp"
        android:text="按钮 2"
        android:textSize="20sp"
        app:layout_constraintEnd_toEndOf="@+id/textView"
        app:layout_constraintTop_toBottomOf="@+id/textView" />
</androidx.constraintlayout.widget.ConstraintLayout>
```

(3) 修改文件 MainActivity.java，其代码如下：

```java
package com.my.ex02_11;
import androidx.appcompat.app.AppCompatActivity;
import android.os.Bundle;
import android.view.View;
import android.widget.Button;
import android.widget.TextView;
//实现 onClickListener 接口
public class MainActivity extends AppCompatActivity implements
View.OnClickListener {
    //定义控件
    TextView tv;
    Button btn1, btn2;
    @Override
    protected void onCreate(Bundle savedInstanceState) {
        super.onCreate(savedInstanceState);
        setContentView(R.layout.activity_main);
        //获取控件
        tv = (TextView) findViewById(R.id.textView);
        btn1 = (Button) findViewById(R.id.btn1);
        btn2 = (Button) findViewById(R.id.btn2);
        //给 btn1 和 btn2 添加监听器
        btn1.setOnClickListener(this);
        btn2.setOnClickListener(this);
    }
    @Override
    public void onClick(View v) {
        //onClick 的参数 v 表示用户单击的按钮
        //判断用户单击了哪个按钮
        switch (v.getId()) {
            case R.id.btn1://表示用户单击了按钮 1
                tv.setText("你点击了按钮 1");
                break;
            case R.id.btn2://表示用户单击了按钮 2
```

```
            tv.setText("你点击了按钮 2");
            break;
      }
   }
}
```

(4) 运行程序，效果如图 2-56～图 2-58 所示。

2. ImageButton

ImageButton(图片按钮)也是一种 Button，与 Button 控件的不同之处只是在设置图片时有些区别。ImageButton 控件中，设置按钮显示的图片可以通过 android:src 属性，也可以通过 setImageResource(int)方法来设置。ImageButton 的语法如下：

```
<ImageButton
   android:id=" "
   android:layout_width=" "
   android:layout_height=" "
   android:src=" "   />           <!-- ImageButton 背景图片-->
```

2.3.3 ImageView 控件

ImageView 控件用来显示图片。图片的来源可以是系统提供的资源文件，也可以是 Drawable 对象。ImageView 控件的常用属性如表 2-14 所示。

表 2-14 ImageView 的常用属性

属　　性	说　　明
android:src	设置 ImageView 要显示的图片
android:background	设置 ImageView 的背景色
android:maxHeight	ImageView 的最大高度，android:adjustViewBounds 为 true 才有用
android:maxWidth	ImageView 的最大宽度，android:adjustViewBounds 为 true 才有用
android:adjustViewBounds	调整 ImageView 的界限
android:scaleType	指定图片的显示方式，常用取值如下。 fitStart：保持宽高比缩放，直到该图片完全显示在 ImageView 中，缩放后图片显示在 ImageView 的左上角。 fitEnd：同上，缩放后放在右下角。 fitCenter：默认值，同上，缩放后放在中间。 fitXY：图片沿 XY 方向缩放，占满整个 ImageView。 center：直接将图片原封不动地放到 ImageView 中央，多余部分被裁剪掉。 centerCrop：保持宽高比缩放，直到图片完全覆盖 ImageView。 centerInside：保持原始比例地缩放图片，直至能够完整显示图片的内容。 matrix：按照矩阵方式缩放
android:adjustViewBounds	设置图片的边界

【例 2-12】编写一个图片查看器，当单击界面上的按钮时，ImageView 上的图片不断地在 5 张图片之间循环变换。

(1) 创建一个项目 Ex02_12，包名为 com.my.Ex02_12。

(2) 将图片 img1.png～img5.png 复制到 res 目录的 drawable 文件夹中。

(3) 修改布局文件 activity_main.xml，其代码如下：

```xml
<?xml version="1.0" encoding="utf-8"?>
<androidx.constraintlayout.widget.ConstraintLayout
    xmlns:android="http://schemas.android.com/apk/res/android"
    xmlns:app="http://schemas.android.com/apk/res-auto"
    xmlns:tools="http://schemas.android.com/tools"
    android:layout_width="match_parent"
    android:layout_height="match_parent"
    tools:context=".MainActivity">
    <ImageView
        android:id="@+id/image1"
        android:layout_width="400dp"
        android:layout_height="300dp"
        android:layout_marginStart="4dp"
        android:layout_marginLeft="4dp"
        android:layout_marginTop="40dp"
        android:src="@drawable/img1"
        app:layout_constraintStart_toStartOf="parent"
        app:layout_constraintTop_toTopOf="parent" />
    <Button
        android:id="@+id/button"
        android:layout_width="wrap_content"
        android:layout_height="wrap_content"
        android:layout_marginTop="40dp"
        android:text="变换图片"
        app:layout_constraintEnd_toEndOf="parent"
        app:layout_constraintStart_toStartOf="parent"
        app:layout_constraintTop_toBottomOf="@+id/image1" />
</androidx.constraintlayout.widget.ConstraintLayout>
```

(4) 修改主类文件 MainActivity.java，其代码如下：

```java
package com.my.ex02_12;
import androidx.appcompat.app.AppCompatActivity;
import android.os.Bundle;
import android.view.View;
import android.widget.Button;
import android.widget.ImageView;
public class MainActivity extends AppCompatActivity {
    //定义控件
    Button btn;
    ImageView imv;
    int i=0;//定义变量 i 保存当前图片的编号，初始值为 0
    int image[]={R.drawable.img1,R.drawable.img2,R.drawable.img3,
            R.drawable.img4,R.drawable.img5};
    @Override
    protected void onCreate(Bundle savedInstanceState) {
        super.onCreate(savedInstanceState);
        setContentView(R.layout.activity_main);
```

```
    //获取控件
    btn=(Button)findViewById(R.id.button);
    imv=(ImageView)findViewById(R.id.image1);
    //给按钮添加监听器
    btn.setOnClickListener(new View.OnClickListener() {
        @Override
        public void onClick(View v) {
        //给图片编号变量加1
            i++;
        //判断i的值是否大于4，大于4的话让其值为0
        if(i%5==0) i=0;
        //调用ImageView控件的setImageResource方法更改图片
            imv.setImageResource(image[i]);
        }
    });
    }
}
```

(5) 运行程序，结果如图 2-59 所示，当单击"变换图片"按钮时，图片会在 5 张图片之间循环变化。

图 2-59 例 2-12 的程序运行结果

2.3.4 RadioButton 控件和 CheckBox 控件

1. RadioButton

RadioButton(单选按钮)适用于提供若干个选项让用户只能选择其中一个选项的情况，比如性别的选择、班级的选择等。单选按钮有两种状态，选中状态和非选中状态。

为了保证一组 RadioButton 按钮只能选择一个，一组单选按钮要放在一个 RadioGroup 中。RadioButton 的语法格式如下：

```
<RadioGroup
  android:id=" "
  android:orientation=" " >      <!--设置RadioGroup中单选按钮的排列方向-->
```

```
    <RadioButton
        android:id=" "
        android:text=" "
        android:checked="true|false"
    />
    <RadioButton
        android:id=" "
        android:text=" "
        android:checked="true|false"
    />
        ...
</RadioGroup>
```

单选按钮通过 android:checked 设置为 true 或 false，使单选按钮处于选中状态或非选中状态，通过 isChecked()方法判断是否被选中。

【例 2-13】RadioButton 的使用。

(1) 创建工程 Ex02_13，包名为 com.my.ex02_13。

(2) 布局代码如下：

```
<?xml version="1.0" encoding="utf-8"?>
<androidx.constraintlayout.widget.ConstraintLayout
    xmlns:android="http://schemas.android.com/apk/res/android"
    xmlns:app="http://schemas.android.com/apk/res-auto"
    xmlns:tools="http://schemas.android.com/tools"
    android:layout_width="match_parent"
    android:layout_height="match_parent"
    tools:context=".MainActivity">
    <TextView
        android:id="@+id/textView"
        android:layout_width="match_parent"
        android:layout_height="wrap_content"
        android:layout_marginTop="1dp"
        android:gravity="center"
        android:text="请选择你所在的城市"
        android:textSize="25sp"
        app:layout_constraintEnd_toEndOf="parent"
        app:layout_constraintStart_toStartOf="parent"
        app:layout_constraintTop_toTopOf="parent" />
    <RadioGroup
        android:id="@+id/radioGroup1"
        android:layout_width="wrap_content"
        android:layout_height="wrap_content"
        android:layout_marginStart="58dp"
        android:layout_marginLeft="58dp"
        android:layout_marginTop="15dp"
        android:orientation="horizontal"
        app:layout_constraintStart_toStartOf="parent"
        app:layout_constraintTop_toBottomOf="@+id/textView">
        <RadioButton
            android:id="@+id/radioButton1"
            android:layout_width="match_parent"
```

```
                android:layout_height="wrap_content"
                android:text="北京"
                android:textSize="20sp"
                android:checked="true"
            />
        <RadioButton
            android:id="@+id/radioButton2"
            android:layout_width="match_parent"
            android:layout_height="wrap_content"
            android:text="上海"
            android:textSize="20sp"
         />
        <RadioButton
            android:id="@+id/radioButton3"
            android:layout_width="match_parent"
            android:layout_height="wrap_content"
            android:text="成都"
            android:textSize="20sp" />
    </RadioGroup>
    <Button
        android:id="@+id/button"
        android:layout_width="wrap_content"
        android:layout_height="wrap_content"
        android:layout_marginTop="100dp"
        android:text="提交"
        app:layout_constraintStart_toStartOf="@+id/radioGroup1"
        app:layout_constraintTop_toBottomOf="@+id/radioGroup1" />
    <TextView
        android:id="@+id/textView2"
        android:layout_width="wrap_content"
        android:layout_height="wrap_content"
        android:layout_marginStart="6dp"
        android:layout_marginLeft="6dp"
        android:layout_marginTop="34dp"
        android:text="TextView"
        android:textSize="20sp"
        app:layout_constraintStart_toStartOf="@+id/radioGroup1"
        app:layout_constraintTop_toBottomOf="@+id/radioGroup1" />
</androidx.constraintlayout.widget.ConstraintLayout>
```

(3) 修改 MainActivity.java 文件，其代码如下：

```
package com.my.ex02_13;
import androidx.appcompat.app.AppCompatActivity;
import android.os.Bundle;
import android.view.View;
import android.widget.Button;
import android.widget.RadioButton;
import android.widget.TextView;
public class MainActivity extends AppCompatActivity {
//定义控件
 TextView tv;
```

```
Button btn;
RadioButton r1,r2,r3;
    @Override
protected void onCreate(Bundle savedInstanceState) {
    super.onCreate(savedInstanceState);
    setContentView(R.layout.activity_main);
        //获取控件
        tv=(TextView)findViewById(R.id.textView2);
        btn=(Button)findViewById(R.id.button);
        r1=(RadioButton)findViewById(R.id.radioButton1);
        r2=(RadioButton)findViewById(R.id.radioButton2);
        r3=(RadioButton)findViewById(R.id.radioButton3);
    //给按钮添加监听器
    btn.setOnClickListener(new View.OnClickListener() {
        @Override
        public void onClick(View v) {
            String city="";
            if(r1.isChecked())  city="北京";
            if(r2.isChecked())  city="上海";
            if(r3.isChecked())  city="成都";
            tv.setText(city);
        }
    });
}
}
```

(4) 运行程序，结果如图 2-60 所示，当选中"上海"单选按钮后，程序运行结果如图 2-61 所示。

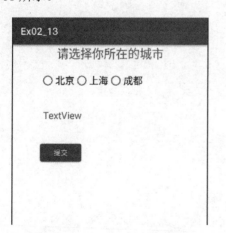

图 2-60　例 2-13 的程序运行结果

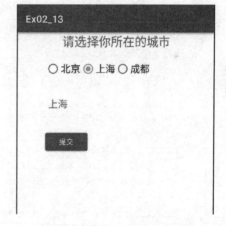

图 2-61　选中"上海"单选按钮后的程序运行结果

2. CheckBox

CheckBox(复选框)适用于提供若干个选项让用户进行选择，可以同时选中多个选项，比如爱好的选择、所喜欢的歌曲的选择等。CheckBox 也有两种状态：选中状态和非选中状态。CheckBox 和 RadioButton 一样使用 android:checked 属性设置处于选中状态还是非选中状态，使用 isChecked()方法判断是否被选中。

【例 2-14】CheckBox 的使用。

(1) 创建工程 Ex02_14，包名为 com.my.ex02_14。

(2) 修改布局文件 activity_main.xml，其代码如下：

```xml
<?xml version="1.0" encoding="utf-8"?>
<androidx.constraintlayout.widget.ConstraintLayout
    xmlns:android="http://schemas.android.com/apk/res/android"
    xmlns:app="http://schemas.android.com/apk/res-auto"
    xmlns:tools="http://schemas.android.com/tools"
    android:layout_width="match_parent"
    android:layout_height="match_parent"
    tools:context=".MainActivity">
    <TextView
        android:id="@+id/textView"
        android:layout_width="0dp"
        android:layout_height="wrap_content"
        android:layout_marginTop="1dp"
        android:background="#FBC02D"
        android:text="请选择你喜欢的英雄人物"
        android:textSize="35sp"
        app:layout_constraintEnd_toEndOf="parent"
        app:layout_constraintStart_toStartOf="parent"
        app:layout_constraintTop_toTopOf="parent" />
    <CheckBox
        android:id="@+id/CheckBox1"
        android:layout_width="wrap_content"
        android:layout_height="wrap_content"
        android:layout_marginEnd="85dp"
        android:layout_marginRight="85dp"
        android:checked="true"
        android:text="邱少云"
        android:textSize="25sp"
        app:layout_constraintBaseline_toBaselineOf="@+id/CheckBox2"
        app:layout_constraintEnd_toEndOf="@+id/textView" />
    <CheckBox
        android:id="@+id/CheckBox2"
        android:layout_width="wrap_content"
        android:layout_height="wrap_content"
        android:layout_marginStart="101dp"
        android:layout_marginLeft="101dp"
        android:layout_marginTop="24dp"
        android:layout_marginEnd="102dp"
        android:layout_marginRight="102dp"
        android:text="刘胡兰"
        android:textSize="25sp"
        app:layout_constraintEnd_toEndOf="@+id/CheckBox1"
        app:layout_constraintStart_toStartOf="@+id/CheckBox3"
        app:layout_constraintTop_toBottomOf="@+id/textView" />
    <CheckBox
        android:id="@+id/CheckBox3"
        android:layout_width="wrap_content"
```

```
        android:layout_height="wrap_content"
        android:layout_marginStart="16dp"
        android:layout_marginLeft="16dp"
        android:text="黄继光"
        android:textSize="25sp"
        app:layout_constraintBaseline_toBaselineOf="@+id/CheckBox2"
        app:layout_constraintStart_toStartOf="parent" />
    <Button
        android:id="@+id/button"
        android:layout_width="wrap_content"
        android:layout_height="wrap_content"
        android:layout_marginStart="18dp"
        android:layout_marginLeft="18dp"
        android:layout_marginBottom="40dp"
        android:text="提交"
        android:textSize="25sp"
        app:layout_constraintBottom_toTopOf="@+id/textView2"
        app:layout_constraintStart_toStartOf="@+id/textView2" />
    <TextView
        android:id="@+id/textView2"
        android:layout_width="wrap_content"
        android:layout_height="wrap_content"
        android:layout_marginStart="70dp"
        android:layout_marginLeft="70dp"
        android:layout_marginTop="276dp"
        android:text="TextView"
        android:textSize="25sp"
        app:layout_constraintStart_toStartOf="parent"
        app:layout_constraintTop_toTopOf="parent" />
</androidx.constraintlayout.widget.ConstraintLayout>
```

(3) 修改 MainActivity.java 文件，其代码如下：

```java
package com.my.ex02_14;
import androidx.appcompat.app.AppCompatActivity;
import android.os.Bundle;
import android.view.View;
import android.widget.Button;
import android.widget.CheckBox;
import android.widget.TextView;
public class MainActivity extends AppCompatActivity {
    //定义控件
    CheckBox cb1,cb2,cb3;
    Button btn;
    TextView tv;
    @Override
    protected void onCreate(Bundle savedInstanceState) {
        super.onCreate(savedInstanceState);
        setContentView(R.layout.activity_main);
        //获取控件
        cb1=findViewById(R.id.CheckBox1);
        cb2=findViewById(R.id.CheckBox2);
```

```
cb3=findViewById(R.id.CheckBox3);
btn=findViewById(R.id.button);
tv=findViewById(R.id.textView2);
//添加监听器
btn.setOnClickListener(new View.OnClickListener() {
    @Override
    public void onClick(View v) {
        String data="";
        if(cb1.isChecked()) data=data+"邱少云";
        if(cb2.isChecked()) data=data+"刘胡兰";
        if(cb3.isChecked()) data=data+"黄继光";
        tv.setText("你的选择是:"+data);
    }
});
}}
```

(4) 运行程序，结果如图 2-62 所示，当选中"邱少云"和"刘胡兰"复选框后，程序运行结果如图 2-63 所示。

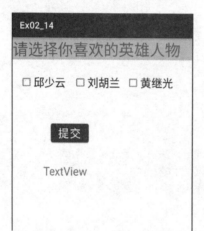

图 2-62　例 2-14 的程序运行结果

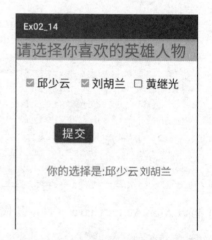

图 2-63　选中复选框后的程序运行结果

动 手 实 践

项目 1　制作物业软件界面

【项目描述】

使用各种布局制作如图 2-64 所示的界面。

【项目目标】

熟练掌握各种布局的特性和常用属性；能够熟练使用各种布局进行 UI 界面的设计。

图 2-64　物业软件界面

项目 2　制作注册页面

【项目描述】

制作如图 2-65 所示的注册页面。

【项目目标】

掌握各种常用控件的创建及属性的作用；学会使用各种控件设计程序的布局。

图 2-65　注册页面

巩 固 训 练

一、单选题

1. 在 Android 中，界面布局不可以(　　)。

　　A. 在 res 目录中的 layout 节点下的 XML 文件中定义

   B. 在程序运行时动态加载

   C. 在 res 目录中的 layout 节点下的 XML 文件中动态加载

   D. 在程序运行时动态修改

2. 使用 XML 文件声明界面布局的特点不包含(　　)。

   A. 在修改界面布局时需要修改程序的源代码

   B. 体现了 MVC 的设计思想

   C. 具有可视性，有效提高了编程效率

   D. 将程序的表现层和控制层进行了分离

3. (　　)名称可用作布局文件名。

   A. Main.xml　　　　B. 1_main.xml　　　C. main_1.xml　　　D. main-1.xml

4. 在(　　)布局中，后放置的组件元素会将先放置的组件元素遮盖住。

   A. TableLayout　　　B. LinearLayout　　C. FrameLayout　　D. RelativeLayout

5. 在表格布局管理器中可以添加多个(　　)标记。

   A. <TableLayout>　B. <TableRow>　　　C. <TableCol>　　　D. <Table>

6. 在表格布局中，android:collapseColumns=1,2 的含义是(　　)。

   A. 在屏幕中，当表格的列能显示完整时，显示 1、2 列

   B. 在屏幕中，当表格的列显示不完整时，折叠 1、2 列

   C. 在屏幕中，不管表格的列是否能显示完整，折叠 1、2 列

   D. 在屏幕中，动态决定是否显示表格 1、2 列

7. 在布局文件中设置组件的对齐方式时，如果需要多种对齐方式组合，那么对齐属性之间拟用(　　)进行分隔。

   A. 逗号　　　　　　B. 分号　　　　　　C. 竖线　　　　　　D. 减号

8. 下列说法错误的是(　　)。

   A. Button 是普通按钮组件，除此之外还有其他的按钮组件

   B. TextView 是显示文本的组件，它是 EditText 的父类

   C. EditText 是编辑文本的组件，可以使用它输入特定的字符

   D. ImageView 是显示图片的组件，显示图片时不用考虑图片大小

9. 下面哪种布局屏幕适配的效果最好? (　　)

   A. LinearLayout　　　　　　　　　　B. ConstrainLayout

   C. RelativeLayout　　　　　　　　　D. TableLayout

10. 下列关于 android:gravity 属性的说法中错误的是(　　)。

   A. 它与 android:layout_gravity 属性的用法相同

   B. 它用来设置组件内容的位置

   C. 它的值可以是 left 或 right

   D. 它的取值与 android:layout_gravity 属性的取值相同

11. 下列有关布局的选项中，只有线性布局拥有的属性是(　　)。

   A. android:background　　　　　　B. android:foreground

   C. android:orientation　　　　　　D. android:gravity

12. 在常用布局中，android:layout_width 属性值不可以是(　　)。

A. 0   B. fill_parent   C. match_parent   D. wrap_content

13. 下列关于相对布局中 android:layout_toLeftOf 属性值说法正确的是( )。

     A. 该属性值为布尔类型   B. 该属性值为枚举类型

     C. 该属性值为视图组件的 ID   D. 该属性值为数值类型

14. 约束布局中,要把 id 为 tv1 的控件放在 id 为 tv2 的控件右边,下面说法正确的是
( )。

     A. 设置 tv2 的属性: app:layout_constraintLeft_toRightOf ="@id/tv1"

     B. 设置 tv2 的属性: app:layout_constrainRight_toLeftOf ="@id/tv1"

     C. 设置 tv2 的属性: app:layout_constrainRight_toLeftOf ="@+id/tv1"

     D. 设置 tv2 的属性: app:layout_constraintLeft_toRightOf ="@+id/tv1"

15. 在表格布局中,用于设置拉伸某列的属性是( )。

     A. android:collapseColumns   B. android:shrinkColumns

     C. android:layout_span   D. android:stretchColumns

16. 在 Android 中,要想实现互斥的选择,需要用到的组件是( )。

     A. ButtonGroup   B. RadioButtons   C. CheckBox   D. RadioGroup

17. Android 中判断 CheckBox 控件是否被选中的方法是( )。

     A. isLogin()   B. isBoolean()   C. onClick()   D. isChecked()

18. 下列哪个可做 EditText 编辑框的提示信息? ( )

     A. android:inputType   B. android:text

     C. android:digits   D. android:hint

19. Android 的线性布局中,可以用来设置视图组件权重的属性是( )。

     A. android:height   B. android:weight

     C. android:scale   D. android:width

20. 开启当前应用中的 Activity 使用( )。

     A. 显示意图   B. 显式意图   C. 隐式意图   D. 隐示意图

二、多选题

1. 下面属于约束布局特点的是( )。

     A. 可以减少布局之间的嵌套   B. 做出来的布局比较美观

     C. 基本上可以实现大多数的布局   D. 比其他布局能更好地解决屏幕适配问题

2. 要把一个控件水平显示在 contrainLayout 中,需要把( )属性的值设置为 parent。

     A. app:constrainLefttoLeft   B. app:constrainRighttoRight

     C. app:constrainToptoTop   D. app:constrainBottomtoBottom

3. 设置 TextView 的 text 值的方式有( )。

     A. android:text="aaaa"   B. android:text="@string/hello"

     C. textview.setText("aaa")   D. textview.getText()

4. 在代码中绑定监听器 setOnClickListener(OnClickListener l);实现事件监听器的方式有
( )。

     A. 自身类作为事件监听器   B. 外部类作为事件监听器

     C. 匿名内部类作为事件监听器   D. 内部类作为事件监听器

5. 在 XML 布局文件中使用 EditText 组件时，必须要设置的属性是(　　)。

    A. android:id　　　　　　　　　　　　B. android:text

    C. android:layout_width　　　　　　　D. android:layout_height

6. 下列关于 TextView 的方法与其功能描述正确的是(　　)。

    A. setText()设置文本内容　　　　　　B. setTextSize()设置文本的字号大小

    C. setAutoLinkMask()设置超链接跳转　D. setTextColor()设置文本的颜色

7. 创建约束条件时，每个视图必须至少有两个约束，分别是(　　)。

    A. 水平约束　　　　B. 左右约束　　　　C. 上下约束　　　D. 垂直约束

8. 下面属于 View 的子类的是(　　)。

    A. Activity　　　　　B. Service　　　　C. ViewGroup　　　D. TextView

9. 在 Android 开发时，关于 RadioGroup 的属性说法中正确的是(　　)。

    A. RadioGroup 中可以放置任何视图组件

    B. RadioGroup 可以运用 setOnCheckedChangeListener 方法设置"状态改变事件"的
       监听器

    C. RadioGroup 拥有 android:orientation 属性

    D. RadioGroup 的 onCheckedChanged(RadioGroup group,int checkedID)方法中，第 2
       个参数表示选中的子组件 ID

三、填空题

1. Android 中布局时字体单位应用_____，宽度和高度单位用_____。

2. layout 布局文件的名字必须用_____字母。

3. 设置 TextView 字体颜色的属性是_____。

4. 使用 Java 代码根据控件的 ID 获取该控件一般调用_____方法。

5. 一个控件的 android:layout_width 属性的取值为_____和_____。

6. 约束布局的要把一个元素放在整个布局的正中央，应该把它上下左右边分别与_____的上下左右边对齐。

7. 约束布局设置一个控件的约束时，约束可以相对于另一个控件或父元素，也可以相对于_____。

8. 设置控件的内容与自己边框的距离应该使用_____属性，设置控件和相邻控件的距离应该使用_____属性。

第 3 章

用户界面设计进阶

教学目标

- 熟练掌握 Android 各类高级控件的使用方法。
- 掌握 Android 数据适配器的常见使用方法。
- 熟练掌握 Android 对话框的使用方法。
- 熟练掌握 Android 信息提示控件的使用方法。

3.1 UI 高级组件

通过前面的学习，要实现复杂的用户界面还远远不够，如要实现人机交互等，Android 系统提供了一些高级控件来实现这些功能，如进度条(ProgressBar)、拖动条(SeekBar)、评分控件(RatingBar)、列表视图(ListView)等。

3.1.1 进度条(ProgressBar)和拖动条(SeekBar)

1. 进度条(ProgressBar)

程序在处理和加载某些大的数据时，会一直停在某一界面，此时最好使用进度条为用户呈现操作的进度。如在登录时，有可能比较慢，可以通过进度条进行提示，同时也可以对窗口设置进度条。进度条的用途很多，在 Palette 面板中，提供了 2 种样式的 ProgressBar，分别是 ProgressBar、ProgressBar(Horizontal)，如图 3-1 所示。

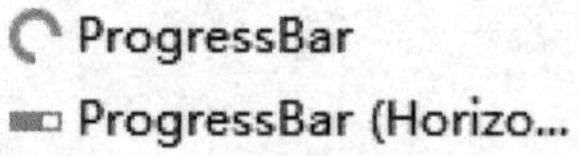

 ProgressBar

 ProgressBar (Horizo...

图 3-1　ProgressBar 的样式

进度条(ProgressBar)的相关属性如表 3-1 所示。

表 3-1　ProgressBar 的相关属性

属性名称	属性说明	属性名称	属性说明
style	设置进度条的样式	progress	第一进度值
max	进度条的最大进度值	secoraryProgress	次要进度值

进度条(ProgressBar)的重要方法如下。

getMax()：返回这个进度条的范围的上限。

getProgress()：返回第一进度值。

getSecondaryProgress()：返回次要进度值。

incrementProgressBy(int diff)：指定增加的进度。

isIndeterminate()：指示进度条是否在不确定模式下。

setIndeterminate(boolean indeterminate)：设置进度条为不确定模式下。

setVisibility(int v)：设置该进度条是否可视。

【例 3-1】ProgressBar 的应用。布局视图如图 3-2 所示，要求单击"增加"按钮时，进度条的值向右增加 5；单击"减少"按钮时，进度条的值向左减少 5。

(1) 创建一个名称为 Ex3_1 的项目，包名为 com.example.ex3_1。

(2) 打开工程项目下的 app\src\main\res\layout\activity_main.xml 布局文件，设置布局，添加两个按钮(Button)和一个进度条(ProgressBar)。部分代码如下：

```
<ProgressBar
    android:id="@+id/progressBar1"
```

```
        style="@android:style/Widget.ProgressBar.Horizontal"
        android:layout_width="fill_parent"
        android:layout_height="wrap_content"
        android:layout_alignParentBottom="true"
        android:layout_marginBottom="662dp"
        android:max="200"
        android:progress="50" />
    <Button
        android:id="@+id/button1"
        android:layout_width="wrap_content"
        android:layout_height="wrap_content"
        android:layout_alignParentEnd="true"
        android:layout_alignParentBottom="true"
        android:layout_marginEnd="272dp"
        android:layout_marginBottom="577dp"
        android:text="增加"
        android:textSize="24sp" />
    <Button
        android:id="@+id/button2"
        android:layout_width="wrap_content"
        android:layout_height="wrap_content"
        android:layout_alignParentEnd="true"
        android:layout_alignParentBottom="true"
        android:layout_marginEnd="70dp"
        android:layout_marginBottom="577dp"
        android:text="减少"
        android:textSize="24sp" />
```

(3) 打开工程项目下的 app\src\main\java\com\example\ex3_1\MainActivity.java 文件，编写代码如下：

```java
public class MainActivity extends AppCompatActivity {
    ProgressBar progressBar;
    Button btn1, btn2;
    @Override
    protected void onCreate(Bundle savedInstanceState) {
        super.onCreate(savedInstanceState);
        setContentView(R.layout.activity_main);
        progressBar = (ProgressBar)findViewById(R.id.progressBar1);
        btn1 = (Button)findViewById(R.id.button1);
        btn2 = (Button)findViewById(R.id.button2);
        btn1.setOnClickListener(new mClick1());
        btn2.setOnClickListener(new mClick2());
    }
    class mClick1 implements View.OnClickListener {
        public void onClick(View v) {
            progressBar.incrementProgressBy(5);
        }
    }
    class mClick2 implements View.OnClickListener {
        public void onClick(View v) {
            progressBar.incrementProgressBy(-5);
```

```
        }
    }
}
```

程序运行结果图 3-2 所示。单击"增加"按钮时，进度条的度量值增加 5；单击"减少"按钮时，进度条的度量值减少 5。

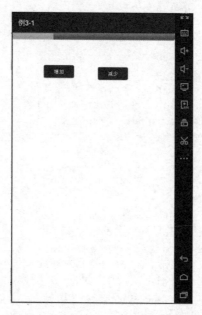

图 3-2　ProgressBar 的应用

Android 系统提供了水平进度条(ProgressBar)的样式，而我们在实际开发中，往往不使用默认的样式，如有时需要对其颜色进行自定义，此时主要使用的是自定义样式文件。

在 drawable 文件夹下新增 progressbar.xml 文件，能够设置默认背景色和进度条的颜色。代码如下：

```xml
<?xml version="1.0" encoding="utf-8"?>
<layer-list xmlns:android="http://schemas.android.com/apk/res/android">
<item android:id="@android:id/background">
    <shape>
        <corners android:radius="5dip" />
        <gradient
            android:angle="0"
            android:centerColor="#ff5a5d5a"
            android:centerY="0.75"
            android:endColor="#ff747674"
            android:startColor="#ff9d9e9d" />
    </shape>
</item>
<item android:id="@android:id/secondaryProgress">
    <clip>
        <shape>
            <corners android:radius="5dip" />
            <gradient
```

```
            android:angle="0"
            android:centerColor="#80ffb600"
            android:centerY="0.75"
            android:endColor="#a0ffcb00"
            android:startColor="#80ffd300" />
        </shape>
    </clip>
</item>
<item android:id="@android:id/progress">
    <clip>
        <shape>
            <corners android:radius="5dip" />
            <gradient
                android:angle="0"
                android:endColor="#8000ff00"
                android:startColor="#80ff0000" />
        </shape>
    </clip>
</item>
</layer-list>
```

布局文件定义示例如下：

```
<ProgressBar
    android:id="@+id/progressBar1"
    style="@android:style/Widget.ProgressBar.Horizontal"
    android:layout_width="fill_parent"
    android:layout_height="wrap_content"
    android:max="200"
    android:progress="50"
    android:progressDrawable="@drawable/progressbar"/>
```

程序运行结果如图 3-3 所示。

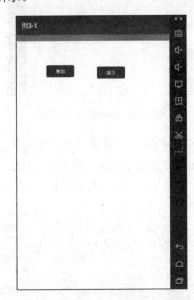

图 3-3　改变 ProgressBar 的颜色

2. 拖动条(SeekBar)

在 Android 开发中,拖动条常用于对系统某种数值的设置,例如播放视频和音量等都会用到拖动条(SeekBar)。拖动条和进度条十分相似,只是拖动条可以通过滑块的位置来标志数值,并且允许用户拖动滑块来改变值。

SeekBar 的常见属性示例如下。

style="@android:style/Widget.SeekBar":指定 SeekBar 的样式。

android:max="200":指定 SeekBar 的最大值为 200,默认是 100。

android:progress="75":指定 SeekBar 的当前值为 75。

android:thumb:设置 SeekBar 的滑动块样式。

android:progressDrawable:设置 SeekBar 的进度条的样式。

其中指定 SeekBar 的当前值时,我们也可以通过代码设置,如 seekBar.setProgress(75);当拖动滑块的位置的时候,为了监听 SeekBar 的拖动情况,我们可以为它绑定一个 onSeekBarChangeListener 监听器。

【例 3-2】SeekBar 的应用。布局视图如图 3-4 所示。

图 3-4　SeekBar 的应用

(1) 创建一个名称为 Ex3_2 的项目,包名为 com.example.ex3_2。

(2) 打开工程项目下的 app\src\main\rcs\layout\activity_main.xml 布局文件,设置布局,添加一个拖动条(SeekBar)和一个文本框(TextView)。部分代码如下:

```
<SeekBar
    android:id="@+id/seekBar1"
    android:layout_width="match_parent"
    android:layout_height="wrap_content"
    android:layout_alignParentLeft="true"
    android:layout_alignParentTop="true"
    android:layout_marginTop="93dp"
```

```
    android:max="100"
    android:progress="25"/>
<TextView
    android:id="@+id/textView1"
    android:layout_width="wrap_content"
    android:layout_height="wrap_content"
    android:layout_alignParentLeft="true"
    android:layout_below="@+id/seekBar1"
    android:layout_marginLeft="38dp"
    android:layout_marginTop="24dp"
    android:text="当前进度值:25" />
```

(3) 打开工程项目下的 app\src\main\java\com\examplc\ex3_2\MainActivity.java 文件，编写代码如下：

```java
public class MainActivity extends AppCompatActivity {
    TextView tx;
    SeekBar sbar;
    @Override
    protected void onCreate(Bundle savedInstanceState) {
        super.onCreate(savedInstanceState);
        setContentView(R.layout.activity_main);
        tx=(TextView)this.findViewById(R.id.textView1);
        sbar=(SeekBar)this.findViewById(R.id.seekBar1);
        sbar.setOnSeekBarChangeListener(new SeekBar.OnSeekBarChangeListener(){
            public void onProgressChanged(SeekBar seekBar, int progress,
                boolean fromUser){
                tx.setText("当前进度值:"+progress);
            }
            public void onStartTrackingTouch(SeekBar seekBar) { }
            public void onStopTrackingTouch(SeekBar seekBar) { }
        });
    }
```

拖动条(SeekBar)的 style 属性值除了可以使用系统提供的样式值(普通样式 style="@android:style/Widget.SeekBar"、默认样式 style="@android:style/Widget.DeviceDefault.SeekBar"、Holo 样式 style="@android:style/Widget.Holo.SeekBar")外，也可以自定义 SeekBar 的样式，如改变滑动块样式、改变 SeekBar 的进度条样式等。在 drawable 文件夹下新增 shape_circle.xml 文件改变 SeekBar 的滑动块样式，用 seekbar.xml 文件设置 SeekBar 的进度条样式。

设置 SeekBar 的滑动块样式 shape_circle.xml 文件如下：

```xml
<?xml version="1.0" encoding="utf-8"?>
<shape xmlns:android="http://schemas.android.com/apk/res/android"
    android:shape="oval">
<!-- solid 表示圆的填充色 -->
<solid android:color="#16BC5C" />
<!-- stroke 则代表圆的边框线 -->
<stroke
    android:width="1dp"
    android:color="#16BC5C" />
```

```
<!-- size 控制高宽 -->
<size
    android:height="20dp"
    android:width="20dp" />
</shape>
```

设置 SeekBar 的进度条样式 seekbar.xml 文件如下:

```
<?xml version="1.0" encoding="utf-8"?>
<layer-list
  xmlns:android="http://schemas.android.com/apk/res/android">
<item android:id="@android:id/background">
    <shape>
        <corners android:radius="3dp" />
        <solid android:color="#ECF0F1" />
    </shape>
</item>
<item android:id="@android:id/secondaryProgress">
    <clip>
        <shape>
            <corners android:radius="3dp" />
            <solid android:color="#C6CACE" />
        </shape>
    </clip>
</item>
<item android:id="@android:id/progress">
    <clip>
        <shape>
            <corners android:radius="3dp" />
            <solid android:color="#16BC5C" />
        </shape>
    </clip>
</item>
</layer-list>
```

SeekBar 的布局代码如下:

```
<SeekBar
    android:id="@+id/seekBar1"
    android:layout_width="match_parent"
    android:layout_height="wrap_content"
    android:layout_alignParentLeft="true"
    android:layout_alignParentTop="true"
    android:layout_marginTop="92dp"
    android:max="100"
    android:progress="25"
    android:progressDrawable="@drawable/seekbar"
    android:thumb="@drawable/shape_circle"/>
```

程序运行结果如图 3-5 所示。

图 3-5　设置了 SeekBar 的样式

3.1.2　RatingBar 控件

　　RatingBar 是我们浏览网页时经常遇到的一个控件，也就是评分控件。例如我们经常去豆瓣查看某部电影的评价，最直观的第一印象就是这部电影的评分多少。RatingBar 控件就是网页中的那个由 5 个五角星组成的完整控件。

　　RatingBar 是基于 SeekBar(拖动条)和 ProgressBar(进度条)的扩展，用星形来显示等级评定。在使用默认的 RatingBar 时，用户可以通过触摸、拖动、按键(如遥控器)来设置评分。RatingBar 自带有两种模式：小风格 ratingBarStyleSmall、大风格 ratingBarStyleIndicator，大风格的只适合做指示，不适用于用户交互。RatingBar 的常用属性如表 3-2 所示。

表 3-2　RatingBar 的常用属性

属性名称	属性说明
style	RatingBar 样式
android:isIndicator	RatingBar 是否是一个指示器(值为 true 时，用户无法进行更改)
android:numStars	显示的星形数量，必须是一个整型值
android:rating	默认的评分，必须是浮点类型
android:stepSize	评分的步长，即一次增加或者减少的星星数目是这个数字的整数倍，必须是浮点类型

　　【例 3-3】RatingBar 的应用。布局视图如图 3-6 所示。

图 3-6　RatingBar 的应用

(1) 创建一个名称为 Ex3_3 的项目，包名为 com.example.ex3_3。

(2) 打开工程项目下的 app\src\main\res\layout\activity_main.xml 布局文件，设置布局，添加一个评分条(RatingBar)和一个文本框(TextView)，部分代码如下：

```xml
<RatingBar
    android:id="@+id/ratingBar1"
    android:layout_width="wrap_content"
    android:layout_height="wrap_content"
    android:layout_alignParentLeft="true"
    android:layout_alignParentTop="true"
    android:layout_marginTop="61dp"
    android:numStars="5"
    android:rating="4.0"
    android:stepSize="0.5"/>
<TextView
    android:id="@+id/textView1"
    android:layout_width="wrap_content"
    android:layout_height="wrap_content"
    android:layout_alignLeft="@+id/ratingBar1"
    android:layout_below="@+id/ratingBar1"
    android:layout_marginLeft="33dp"
    android:layout_marginTop="32dp"
    android:text="受欢迎度: 4.0 颗星" />
```

(3) 打开工程项目下的 app\src\main\java\com\example\ex3_3\MainActivity.java 文件，编写代码如下：

```java
public class MainActivity extends AppCompatActivity {
    RatingBar rb;
    TextView tx;
    @Override
```

```
protected void onCreate(Bundle savedInstanceState) {
    super.onCreate(savedInstanceState);
    setContentView(R.layout.activity_main);
    rb=(RatingBar)this.findViewById(R.id.ratingBar1);
    tx=(TextView)this.findViewById(R.id.textView1);
    rb.setOnRatingBarChangeListener(new RatingBar.OnRatingBarChangeListener(){
        @Override
      public void onRatingChanged(RatingBar ratingBar,float rating,
          boolean fromUser){
           tx.setText("受欢迎度："+rating+"颗星");
        }
    });
  }
}
```

修改 RatingBar 星星的大小，只需在 RatingBar 的布局中添加这样一句代码：

```
style="?android:attr/ratingBarStyleSmall"
```

一般情况下，系统自带的 RatingBar 是远远无法满足开发需求的，我们可以根据图片自定义一个 RatingBar，自定义 RatingBar 的实现过程可分为如下 3 步完成。

第 1 步，根据图片自定义一个 RatingBar 的背景条 myratingbar.xml 文件，与图片 img6.jpg 放到同一个目录下面(比如 drawable)：

```
<?xml version="1.0" encoding="utf-8"?>
<layer-list xmlns:android="http://schemas.android.com/apk/res/android">
  <item
    android:id="@android:id/background"
    android:drawable="@drawable/img6" />
  <item
    android:id="@android:id/progress"
    android:drawable="@drawable/img6" />
</layer-list>
```

其中 backgroud 是用来填充背景图片的，与进度条非常类似，当我们设置最高评分时 (android:numStars)，系统就会根据我们的设置，来画出以图片 img6.jpg 为单位填充的背景；progress 用来定义组件的一级进度背景图片，secondaryProgress 用来定义组件的二级进度背景图片(如果不定义这个，每次拖动进度条，就画出一整颗星星(亮)，第二进度(暗)没有覆盖掉第一进度之后的位置，从左往右是拖不出来 5 颗星星的，这样评分效果就不完整)。

第 2 步，RatingBar 的样式是通过 style 来切换的，在 Android 中，可以在 themes.xml 文件中通过设置 style 属性来继承需要自定义的控件类型，styles.xml 文件如下所示：

```
<style name="myratingbar" parent="@android:style/Widget.RatingBar">
  <item name="android:progressDrawable">@drawable/myratingbar</item>
  <item name="android:minHeight">25dip</item>
  <item name="android:maxHeight">85dip</item>
</style>
```

代码是通过 parent 属性来选择继承的父类，我们这里继承 RatingBar 类。然后重新定义 progressDrawable 属性，maxHeight 和 minHeight 可以根据我们图片像素或者其他参考值来设定。

第 3 步，在我们需要用到 RatingBar 的 XML 配置文件 activity_main.xml 里面添加 RatingBar 控件：

```
<RatingBar
    android:id="@+id/ratingBar1"
    android:layout_width="wrap_content"
    android:layout_height="wrap_content"
    android:layout_alignParentLeft="true"
    android:layout_centerVertical="true" android:layout_marginLeft="22dp"
    android:numStars="5"
    android:rating="3.0"
    android:stepSize="0.5"
    style="@style/myratingbar"/>
```

程序运行结果如图 3-7 所示。

图 3-7　自定义 RatingBar 样式

3.1.3　自动完成组件和 ArrayAdapter 适配器

在输入框中输入我们想要输入的信息，就会出现其他与其相关的提示信息，这种效果在 Android 中是用自动完成文本控件实现的。在 Android 中提供了两种智能输入框——AutoCompleteTextView 和 MultiAutoCompleteTextView。它们的功能大致相同，类似于百度或者 Google 在搜索栏输入信息的时候，弹出与输入信息接近的提示信息。然后用户选择需要的信息，自动完成文本输入。

AutoCompleteTextView 是一个可编辑的文本视图，继承于 EditText，拥有 EditText 的所有属性和方法，实现动态匹配输入的内容。当用户输入信息后，弹出提示，提示列表显示在一个下拉菜单中，用户可以从中选择一项以完成输入。

MultiAutoCompleteTextView(多文本自动完成输入控件)也是一个可编辑的文本视图，能够对用户输入的文本进行有效地扩充提示，而不需要用户输入整个内容。用户必须提供一个 MultiAutoCompleteTextView.Tokenizer 用来区分不同的子串。与 AutoCompleteTextView 不同的是，MultiAutoCompleteTextView 可以在输入框中一直增加选择值，可用在发短信、发邮件时选择联系人这种应用中。

需要注意的是，自动完成文本控件组件必须设置数据。这是因为 Android 是完全遵循 MVC(Model View Controller)模式设计的框架，Activity 是 Controller，Layout 是 View。因为 Layout 五花八门，很多数据都不能直接绑定上去，所以 Android 引入了 Adapter 这个机制作为复杂数据展示的转换载体。常用的 Adapter 有 BaseAdapter、ArrayAdapter、SimpleAdapter、SimpleCursorAdapter。

ArrayAdapter 是最简单的一个 Adapter，支持泛型操作，只能展现一行文字。

SimpleAdapter 同样是具有良好扩展性的一个 Adapter，可以自定义多种效果。

SimpleCursorAdapter 一般在数据库里会用到。

BaseAdapter 是一个抽象类，实际开发中我们会继承这个类并且重写相关方法，是用得最多的一个 Adapter。

它们的常用属性如表 3-3 所示。

表 3-3　常用属性

属性名称	对应方法	属性说明
android:completionThreshold	setThreshold(int)	定义需要用户输入的字符数
android:dropDownHeight	setDropDownHeight(int)	设置下拉菜单高度
android:dropDownWidth	setDropDownWidth(int)	设置下拉菜单宽度
android:completionHint		为弹出的下拉菜单指定提示标题
android:dropDownHorizontalOffset		指定下拉菜单与文本之间的水平间距
android:dropDownVerticalOffset		指定下拉菜单与文本之间的竖直间距
android:popupBackground		用于为下拉菜单设置背景

【例 3-4】自动完成文本控件应用，布局视图如图 3-8 所示。

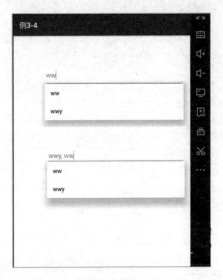

图 3-8　使用自动完成文本控件

(1) 创建一个名称为 Ex3_4 的项目，包名为 com.example.ex3_4。

(2) 打开工程项目下的 app\src\main\res\layout\activity_main.xml 布局文件，设置布局，添加一个 AutoCompleteTextView 和一个 MultiAutoCompleteTextView。部分代码如下：

```
<AutoCompleteTextView
        android:id="@+id/autotxt1"
        android:layout_width="377dp"
        android:layout_height="59dp"
        android:layout_alignParentEnd="true"
        android:layout_alignParentBottom="true"
        android:layout_marginEnd="15dp"
        android:layout_marginBottom="645dp"
        android:text="" />
<MultiAutoCompleteTextView
        android:id="@+id/mautotxt1"
        android:layout_width="374dp"
        android:layout_height="wrap_content"
        android:layout_alignParentEnd="true"
        android:layout_alignParentBottom="true"
        android:layout_marginEnd="15dp"
        android:layout_marginBottom="432dp"
        android:text="" />
```

(3) 打开工程项目下的 app\src\main\java\com\example\ex3_4\MainActivity.java 文件，编写代码如下：

```
public class MainActivity extends ActionBarActivity {
  AutoCompleteTextView ac;
  MultiAutoCompleteTextView mac;
  String[] str=new String[]{"ww","uux","wwy"};
  @Override
  protected void onCreate(Bundle savedInstanceState) {
    super.onCreate(savedInstanceState);
    setContentView(R.layout.activity_main);
    ac=(AutoCompleteTextView)this.findViewById(R.id.autotxt1);
    mac=(MultiAutoCompleteTextView)this.findViewById(R.id.mautotxt1);
    ArrayAdapter<String> adapter=new
ArrayAdapter<String>(this,android.R.layout.simple_list_item_1,str);
    ac.setAdapter(adapter);
    mac.setAdapter(adapter);
    mac.setTokenizer(new MultiAutoCompleteTextView.CommaTokenizer());
  }
}
```

3.1.4 下拉列表(Spinner)

下拉列表(Spinner)每次只显示用户选中的元素，当用户再次单击时，会弹出选择列表供用户选择，而选择列表中的元素有两种方式实现数据绑定：静态绑定下拉框数据和动态绑定下拉框数据。下拉列表(Spinner)的常用属性如表 3-4 所示。

表 3-4　下拉列表(Spinner)的常用属性

属性名称	对应方法	属性说明
android:spinnerMode		设置 Spinner 样式，有 dropdown 和 dialog 两种
android:dropDownVerticalOffset	setDropDownVerticalOffset(int)	设置 Spinner 下拉菜单的水平偏移
android:dropDownHorizontalOffset	setDropDownHorizontalOffset(int)	设置 Spinner 下拉菜单的垂直偏移
android:dropDownWidth	setDropDownWidth(int)	设置 Spinner 下拉菜单的宽度
android:popupBackground	setPopupBackgroundResource()	设置下拉菜单的背景

【例 3-5】下拉列表(Spinner)的应用。布局视图如图 3-9 所示。

(1) 创建一个名称为 Ex3_5 的项目，包名为 com.example.ex3_5。

(2) 打开工程项目下的 app\src\main\res\layout\activity_main.xml 布局文件，设置布局，添加一个下拉列表 Spinner。

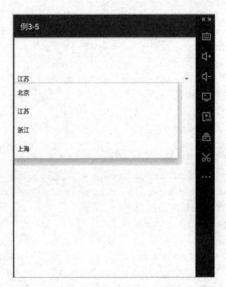

图 3-9　下拉列表 Spinner

下面讲解下拉列表中数据元素的两种绑定方式。

(1) 静态绑定下拉框数据，需要将数据写在 XML 文件中，然后设置下拉框的 entries 属性，则数据自动加载到下拉框中。具体如下：

第 1 步，在 values 目录下 strings.xml 的 resources 标签中增加下面的代码：

```
<string-array name="cityArray">
  <item>北京</item>
  <item>江苏</item>
  <item>浙江</item>
  <item>上海</item>
</string-array>
```

Android 程序设计项目化教程(第2版)

第2步，设计页面控件代码，设置 entries 属性值：

```xml
<Spinner
        android:id="@+id/spinner1"
        android:layout_width="198dp"
        android:layout_height="39dp"
        android:layout_alignParentEnd="true"
        android:layout_alignParentBottom="true"
        android:layout_marginEnd="168dp"
        android:layout_marginBottom="604dp"
        android:entries="@array/cityArray" />
```

(2) 动态绑定下拉框数据，此时不需要设置 entries 属性值，主要分三个步骤，第 1 步是获得数据列表；第 2 步是填充数据适配器；第 3 步是设置下拉框的适配器。打开工程项目下的 app\src\main\java\com\example\ex3_5\MainActivity.java 文件，编写代码如下：

```java
public class MainActivity extends AppCompatActivity {
    private  String[] cityInfo={"北京","江苏","浙江","上海"};
    Spinner sp;
    List<String> list=new ArrayList<String>();
    @Override
    protected void onCreate(Bundle savedInstanceState) {
        super.onCreate(savedInstanceState);
        setContentView(R.layout.activity_main);
        sp=(Spinner)this.findViewById(R.id.spinner1);
        //第1步：获得数据列表
        for(int i=0;i<cityInfo.length;i++){
            list.add(cityInfo[i]);
        }
        //第2步：填充数据适配器
        ArrayAdapter<String> adapter=new ArrayAdapter<String>(this,
                android.R.layout.simple_spinner_dropdown_item,list);
        // 第3步：设置下拉框的适配器
        sp.setAdapter(adapter);
        //选择时触发的事件
        sp.setOnItemSelectedListener(new AdapterView.OnItemSelectedListener() {
          public void onItemSelected(AdapterView<?> parent,View view,int
          position, long id)
          {
              //从 Spinner 中获取被选择的数据
          String data = (String)sp.getItemAtPosition(position);
          Toast.makeText(MainActivity.this,data,Toast.LENGTH_SHORT).show();
           }
           public void onNothingSelected(AdapterView<?> parent) {    }
        });
    }
}
```

3.1.5 ListView 控件和 SimpleAdapter 适配器

列表视图 ListView 是 Android 中最常用的一种视图组件，它是将数据显示在一个垂直且可滚动的列表中的一种控件。ListView 的重要属性如表 3-5 所示。

表 3-5　ListView 的重要属性

属性名称	属性说明
android:divider	每条 item 之间的分割线，参数值可引用一张 drawable 图片，也可以是 color
android:dividerHeight	分割线的高度
android:entries	引用一个将使用在 ListView 里的数组，该数组定义在 value 目录下的 arrays.xml 文件中
android:footerDividersEnabled	设成 false 时，此 ListView 将不会在页脚视图前画分隔符，默认值为 true
android:headerDividersEnabled	设成 false 时，此 ListView 将不会在页眉视图后画分隔符，默认值为 true
android:choiceMode	ListView 中的一种选择模式。SingleChoice 值为 1，表示最多有 5 项被选中；MultipleChoice 值为 2，表示最多可选两项

ListView 中的数据有两种绑定方法。

(1) 静态绑定数据。与下拉列表(Spinner)静态绑定数据的方法相似，需要将数据写在 values 目录下的 strings.xml 的 resources 标签中，然后设置 entries 属性。在此就不做介绍了。

(2) 动态绑定数据。此时不需要设置 entries 属性值，引用代码中自定义的数据元素，由与 ListView 绑定的 ListAdapter 传递。每一行数据为一条 item。

【例 3-6】列表视图 ListView 的应用。

(1) 创建一个名称为 Ex3_6 的项目，包名为 com.example.ex3_6。

(2) 打开工程项目下的 app\src\main\res\layout\activity_main.xml 布局文件，设置布局，代码如下：

```
<LinearLayout xmlns:android="http://schemas.android.com/apk/res/android"
    android:layout_width="fill_parent"
    android:layout_height="fill_parent"
    android:orientation="vertical">
<TextView
    android:layout_width="fill_parent"
    android:layout_height="wrap_content"
    android:text=""
    android:textSize="24sp"/>
<ListView
    android:id="@+id/listView1"
    android:layout_height="wrap_content"
    android:layout_width="fill_parent"/>
</LinearLayout>
```

(3) 打开工程项目下的 app\src\main\java\com\example\ex3_6\MainActivity.java 文件，编写代码如下：

```
public class MainActivity extends AppCompatActivity {
    ListView list;
```

```
@Override
protected void onCreate(Bundle savedInstanceState) {
    super.onCreate(savedInstanceState);
    setContentView(R.layout.activity_main);
    list= (ListView)findViewById(R.id.listView1);
    //定义数组
    String[] data ={  "(1)荷塘月色",  "(2)最炫民族风",  "(3)天蓝蓝",
        "(4)最美天下",  "(5)自由飞翔",            };
    //为 ListView 提供数组适配器
    list.setAdapter(new ArrayAdapter<String>
        (this,android.R.layout.simple_list_item_1, data));
    //为 ListView 设置列表选项监听器
    list.setOnItemClickListener(new mItemClick());
}
//定义列表选项监听器
class mItemClick implements AdapterView.OnItemClickListener {
    @Override
    public void onItemClick(AdapterView<?> arg0, View arg1, int arg2, long
        arg3) {
        Toast.makeText(getApplicationContext(),"您选择的项目是: "
            +((TextView)arg1).getText(), Toast.LENGTH_SHORT).show();
    }
}
}
```

运行程序,结果如图 3-10 所示。单击 ListView 的每一个 item 均会弹出 Toast(将在 3.3.1 小节中介绍),显示选中 item 的内容。

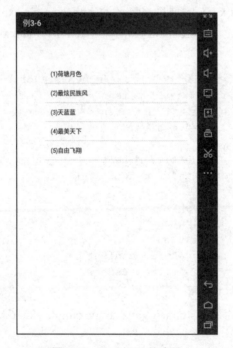

图 3-10　ListView 的应用

很多时候需要在列表中展示一些除了文字以外的东西,比如图片等。这时候可以使用

SimpleAdapter。SimpleAdapter 的数据一般都是用 HashMap 构成的列表,列表的每一节对应 ListView 的每一行。通过 SimpleAdapter 的构造函数,将 HashMap 的每个键的数据映射到布局文件中对应的控件上。这个布局文件一般根据自己的需要来自己定义。

```
SimpleAdapter  mSimpleAdapter = new SimpleAdapter(this,
listItem,//需要绑定的数据
R.layout.item,//每一行的布局
new String[] {"ItemImage","ItemTitle", "ItemText"},  //动态数组中的数据源的键
//对应到定义布局的 View 中
newint[] {R.id.ItemImage,R.id.ItemTitle,R.id.ItemText}   );
```

【例 3-7】简单通讯录。实现一个简单的通讯录,其中包括照片、姓名和电话号码。将照片文件存放在 drawable 目录下。

(1) 创建一个名称为 Ex3_7 的项目,包名为 com.example.ex3_7。

(2) 打开工程项目下的 app\src\main\res\layout\activity_main.xml 布局文件,设置布局,代码如下:

```
<?xml version="1.0" encoding="utf-8"?>
<LinearLayout xmlns:android="http://schemas.android.com/apk/res/android"
    android:layout_width="fill_parent"
    android:layout_height="fill_parent"
    android:orientation="vertical">
<ListView
    android:id="@+id/ListView01"
    android:layout_height="wrap_content"
    android:layout_width="fill_parent"
    android:divider="#87cEFF"
    android:dividerHeight="3dp"/>
</LinearLayout>
```

在 layout 目录下新建一个 XML 文件,定义每一行的布局 another_layout.xml,每一行有一张图片 ImageView,两个文本 TextView:

```
<?xml version="1.0" encoding="utf-8"?>
<ScrollView xmlns:android="http://schemas.android.com/apk/res/android"
    android:id="@+id/ScrollView1"
    android:layout_width="match_parent"
    android:layout_height="match_parent">
<TableLayout
    android:layout_width="match_parent"
    android:layout_height="match_parent"
    android:stretchColumns="1">
    <TableRow
        android:id="@+id/tableRow1"
        android:layout_width="wrap_content"
        android:layout_height="wrap_content">
    <ImageView
        android:id="@+id/imageView1"
        android:layout_width="wrap_content"
        android:layout_height="wrap_content"
        android:src="@drawable/ic_con" />
```

```
    <TextView
        android:id="@+id/name"
        android:layout_width="wrap_content"
        android:layout_height="wrap_content"
        android:text="" />
    <TextView
        android:id="@+id/qq"
        android:layout_width="wrap_content"
        android:layout_height="wrap_content"
        android:text="" />
    </TableRow>
</TableLayout>
</ScrollView>
```

(3) 打开工程项目下的 app\src\main\java\com\example\ex3_7\MainActivity.java 文件，编写代码如下。照片、姓名与电话号码之间存在着一一对应的关系，可以使用 HashMap 分别对照片、姓名以及电话号码进行存储，然后再将 HashMap 添加到 ArrayList 中，便可以完成资源的储存了。

```
public class MainActivity extends AppCompatActivity {
    List<Map<String,Object>> slist=new ArrayList<Map<String,Object>>();
    String name[]={"张兰","李斯","王五","赵六","钱孙"};
    String num[]={"1111111111","2222222222","3333333333","4444444444",
                "5555555555"};
    int img[]={R.drawable.img1,R.drawable.img2,R.drawable.img3,
            R.drawable.img4,R.drawable.img5};
    public void onCreate(Bundle savedInstanceState) {
        super.onCreate(savedInstanceState);
        setContentView(R.layout.activity_main);
        for(int i=0;i<name.length;i++){
            Map<String,Object> map=new HashMap<String,Object>();
            map.put("usepic",img[i]);
            map.put("usename",name[i]);
            map.put("usenum",num[i]);
            slist.add(map);
        }
        ListView list= (ListView)findViewById(R.id.ListView01);
        SimpleAdapter adapter=new SimpleAdapter(this,slist,
            R.layout.another_layout,
            new String[]{"usepic","usename","usenum"},
            new int[]{R.id.imageView1,R.id.name,R.id.qq});
        list.setAdapter(adapter);
    }
}
```

运行程序，结果如图 3-11 所示。

图 3-11　例 3-7 的程序运行结果

3.1.6　GridView 控件

网格视图(GridView)是 Android 中比较常用的多控件视图。该视图将其他多个控件以二维格式显示在界面表格中。网格视图 GridView 的排列方式与矩阵类似，当屏幕上有很多元素(文字、图片或其他元素)需要按矩阵格式进行显示时，就可以使用 GridView 控件来实现。GridView 的常用属性如表 3-6 所示。

表 3-6　GridView 的常用属性

属性名称	对应方法	属性说明
android:columnWidth	setColumnWidth(int)	设置列的宽度
android:gravity	setGravity(int)	设置对齐方式
android:horizontalSpacing	setHorizontalSpacing(int)	设置各个元素之间的水平距离
android:numColumns	setNumColumns(int)	设置列数
android:verticalSpacing	setVerticalSpacing(int)	设置各个元素之间的竖直距离
android:stretchMode	android:stretchMode[int]	设置列应该以何种方式填充可用空间

如果在每个网格内都需要显示两项或两项以上的内容，那么就需要对网格内的元素进行相应的布局。在项目的 layout 目录下可以新建一个 XML 布局文件，完成对网格内元素的布局。

GridView 与 ListView 用法类似，都需要通过 Adapter 来提供显示的数据。但是，ListView 可以通过 android:entries 来提供资源文件的数据源，而 GridView 没有这些属性，所以必须通过适配器来为其添加数据。

在实际的应用当中，我们需要对用户的操作进行监听，即需要知道用户选择了哪一个选项。在网格控件 GridView 中，常用的事件监听器有两个：OnItemSelectedListener 和

OnItemClickListener。

其中，OnItemSelectedListener 用于项目选择事件监听，OnItemClickListener 用于项目点击事件监听。要实现这两个事件监听很简单，继承 OnItemSelectedListener 和 OnItemClickListener 接口，并实现其抽象方法即可。

【例 3-8】显示扑克牌。

(1) 创建一个名称为 Ex3_8 的项目，包名为 com.example.ex3_8。

(2) 打开工程项目下的 app\src\main\res\layout\activity_main.xml 布局文件，设置布局。在界面上有一个 GridView，GridView 里每行有 5 张扑克牌，GridView 刚开始不可见。代码如下：

```
<LinearLayout xmlns:android="http://schemas.android.com/apk/res/android"
    xmlns:tools="http://schemas.android.com/tools"
    android:layout_width="match_parent"
    android:layout_height="match_parent"
    android:orientation="vertical">
<GridView
    android:id="@+id/gridView1"
    android:layout_width="match_parent"
    android:layout_height="wrap_content"
    android:numColumns="5">
</GridView>
</LinearLayout>
```

在 layout 目录下新建一个 XML 文件，定义每个单元格的布局 another_layout.xml，每个单元格有 1 张图片 ImageView：

```
<?xml version="1.0" encoding="utf-8"?>
<RelativeLayout
    xmlns:android="http://schemas.android.com/apk/res/android"
    android:id="@+id/RelativeLayout1"
    android:layout_width="match_parent"
    android:layout_height="match_parent">
<ImageView
    android:id="@+id/image"
    android:layout_width="wrap_content"
    android:layout_height="wrap_content"/>
</RelativeLayout>
```

(3) 打开工程项目下的 app\src\main\java\com\example\ex3_8\MainActivity.java 文件，编写代码如下：

```
public class MainActivity extends AppCompatActivity {
    GridView gridview;
    List<Map<String,Object>> slist=new ArrayList<Map<String,Object>>();
    SimpleAdapter adapter;
    int[] a={R.drawable.clubs1,R.drawable.clubs2,R.drawable.clubs3,
            R.drawable.clubs4,R.drawable.clubs5,R.drawable.clubs6,
            R.drawable.clubs7,R.drawable.clubs8,R.drawable.clubs9,
            R.drawable.clubs10,R.drawable.clubs11,R.drawable.clubs12,
            R.drawable.clubs13,R.drawable.hearts1,R.drawable.hearts2,
```

```
                R.drawable.hearts3,R.drawable.hearts4,R.drawable.hearts5,
                R.drawable.hearts6,R.drawable.hearts7,R.drawable.hearts8,
                R.drawable.hearts9, R.drawable.hearts10,R.drawable.hearts11,
                R.drawable.hearts12,R.drawable.hearts13};
    int[] arr;
    @Override
    protected void onCreate(Bundle savedInstanceState) {
        super.onCreate(savedInstanceState);
        setContentView(R.layout.activity_main);
        gridview=findViewById(R.id.gridView1);
        for(int i=0;i<a.length;i++){
            Map<String,Object> map=new HashMap<String,Object>();
            int s=new Random().nextInt(26);
            map.put("image",a[i]);
            slist.add(map);
        }
        //为 GridView 提供数组适配器
        adapter=new SimpleAdapter(this,slist,R.layout.another_layout,
                new String[]{"image"},new int[]{R.id.image});
        gridview.setAdapter(adapter);
    }
}
```

运行程序，结果如图 3-12 所示。

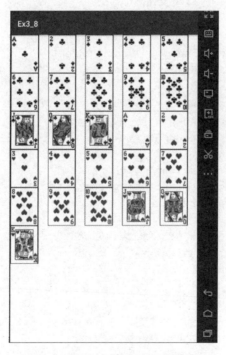

图 3-12　例 3-8 的程序运行结果

3.1.7　ScrollView 控件

滚动视图可以通过用户滚动显示一个占据的空间大于物理显示范围的视图列表，分为垂直滚动视图 ScrollView 和水平滚动视图 HorizontalScrollView。值得注意的是,ScrollView 只能包含一个子视图或视图组,在实际项目中,通常包含的是一个垂直的线性布局 LinearLayout,而水平滚动视图 HorizontalScrollView 则只包含一个水平的线性布局 LinearLayout。

【例 3-9】ScrollView 的使用。准备 10 张图片,放置在 res/drawable 目录下。

(1) 创建一个名称为 Ex3_9 的项目,包名为 com.example.ex3_9。

(2) 打开工程项目下的 app\src\main\res\layout\activity_main.xml 布局文件,设置布局,代码如下:

```xml
<?xml version="1.0" encoding="utf-8"?>
<ScrollView xmlns:android="http://schemas.android.com/apk/res/android"
    android:layout_width="match_parent"
    android:layout_height="match_parent">
    <LinearLayout
      android:layout_width="match_parent"
      android:layout_height="wrap_content"
      android:orientation="vertical">
      <TextView
        android:layout_width="match_parent"
        android:layout_height="wrap_content"
        android:text="垂直滚动视图"
        android:textSize="30dp"/>
      <ImageView
        android:layout_width="match_parent"
        android:layout_height="wrap_content"
        android:src="@drawable/bmp1"/>
      <ImageView
        android:layout_width="match_parent"
        android:layout_height="wrap_content"
        android:src="@drawable/bmp2"/>
      <ImageView
        android:layout_width="match_parent"
        android:layout_height="wrap_content"
        android:src="@drawable/bmp3"/>
      <ImageView
        android:layout_width="match_parent"
        android:layout_height="wrap_content"
        android:src="@drawable/bmp4"/>
      <ImageView
        android:layout_width="match_parent"
        android:layout_height="wrap_content"
        android:src="@drawable/bmp5"/>
      <ImageView
        android:layout_width="match_parent"
        android:layout_height="wrap_content"
        android:src="@drawable/bmp6"/>
      <ImageView
        android:layout_width="match_parent"
```

```
        android:layout_height="wrap_content"
        android:src="@drawable/bmp7"/>
    <ImageView
        android:layout_width="match_parent"
        android:layout_height="wrap_content"
        android:src="@drawable/bmp8"/>
    <ImageView
        android:layout_width="match_parent"
        android:layout_height="wrap_content"
        android:src="@drawable/bmp9"/>
     <ImageView
        android:layout_width="match_parent"
        android:layout_height="wrap_content"
        android:src="@drawable/bmp10"/>
    </LinearLayout>
</ScrollView>
```

在模拟器上用鼠标上下滚动即可查看全部图片。

3.2　对　话　框

3.2.1　AlertDialog 弹出式对话框

对话框是用户与 Android 程序进行交互时出现在 Activity 上的一个小窗口，用于显示重要提示信息，或提示用户输入信息，如下载进度、是否退出程序等。当显示对话框时，Activity 失去焦点，对话框获得焦点。AlertDialog 是使用最广泛的对话框，它的功能非常强大。AlertDialog 对话框包含消息对话框、选项对话框、单选按钮对话框和多选按钮对话框。

AlertDialog 对话框的构造方法被声明为 protected，所以不能用 AlertDialog 类创建一个弹出式对话框，而要使用 AlertDialog.Builder 中的 create 方法创建。AlertDialog.Builder 类的常用方法如表 3-7 所示。

表 3-7　AlertDailog.Builder 类的常用方法

方　　法	功　　能
setTitle(CharSequence title)	设置对话框的标题
setIcon(Drawable icon)	设置对话框的图标
setMessage()	设置对话框上显示的信息
setView()	设置对话框的布局文件
setItems()	设置对话框中要显示的列表项
setSingleChoiceItems()	设置对话框要显示的单选按钮列表
setMultiChoiceItems()	设置对话框要显示的多选按钮列表
SetNegativeButton()	为对话框添加取消按钮
SetPositiveButton()	为对话框设置确定按钮
setNeutralButton()	为对话框添加中立按钮

创建一个 AlertDialog 对话框的步骤如下。

(1) 创建 AlertDailog.Builder 对象。

(2) 调用 AlertDailog.Builder 对象的 setTitle 方法设置对话框的标题。

(3) 调用 AlertDailog.Builder 对象的 setIcon 方法设置对话框的图标。

(4) 根据创建对话框的不同，调用相应的方法。

如果要创建消息对话框，调用 setMessage()方法。

如果要创建选项对话框，调用 setItems()方法。

如果要创建单选按钮对话框，则调用 setSingleChoiceItems()方法。

如果要创建多选按钮对话框，则调用 setMultiChoiceItems()方法。

(5) 调用 setPositive()/setNegativeButton()/setNeutralButton()方法设置确定/取消或中立按钮。

(6) 再调用对话框的 show()方法显示对话框。

【例 3-10】制作登录界面中，单击"登录"按钮，弹出一个 AlertDailog 普通对话框。

(1) 创建一个名称为 Ex3_10 的项目，包名为 com.example.ex3_10。

(2) 打开工程项目下的 app\src\main\res\layout\activity_main.xml 布局文件，设置布局，代码如下：

```xml
<?xml version="1.0" encoding="utf-8"?>
<androidx.constraintlayout.widget.ConstraintLayout
    xmlns:android="http://schemas.android.com/apk/res/android"
    xmlns:app="http://schemas.android.com/apk/res-auto"
    xmlns:tools="http://schemas.android.com/tools"
    android:layout_width="match_parent"
    android:layout_height="match_parent">
<TextView
    android:id="@+id/textView14"
    android:layout_width="wrap_content"
    android:layout_height="wrap_content"
    android:text="用户名"
    app:layout_constraintBottom_toBottomOf="parent"
    app:layout_constraintEnd_toEndOf="parent"
    app:layout_constraintHorizontal_bias="0.168"
    app:layout_constraintStart_toStartOf="parent"
    app:layout_constraintTop_toTopOf="parent"
    app:layout_constraintVertical_bias="0.404" />
<TextView
    android:id="@+id/textView15"
    android:layout_width="wrap_content"
    android:layout_height="wrap_content"
    android:text="密    码"
    app:layout_constraintBottom_toBottomOf="parent"
    app:layout_constraintEnd_toEndOf="parent"
    app:layout_constraintHorizontal_bias="0.135"
    app:layout_constraintStart_toStartOf="parent"
    app:layout_constraintTop_toBottomOf="@+id/textView14"
    app:layout_constraintVertical_bias="0.185" />
```

```
<EditText
    android:id="@+id/editTextTextPersonName2"
    android:layout_width="wrap_content"
    android:layout_height="wrap_content"
    android:ems="10"
    android:inputType="textPersonName"
    app:layout_constraintBottom_toBottomOf="parent"
    app:layout_constraintEnd_toEndOf="parent"
    app:layout_constraintHorizontal_bias="0.195"
    app:layout_constraintStart_toEndOf="@+id/textView14"
    app:layout_constraintTop_toTopOf="parent"
    app:layout_constraintVertical_bias="0.381" />
<EditText
    android:id="@+id/editTextTextPersonName3"
    android:layout_width="wrap_content"
    android:layout_height="wrap_content"
    android:ems="10"
    android:inputType="textPersonName"
    app:layout_constraintBottom_toBottomOf="parent"
    app:layout_constraintEnd_toEndOf="parent"
    app:layout_constraintHorizontal_bias="0.195"
    app:layout_constraintStart_toEndOf="@+id/textView15"
    app:layout_constraintTop_toBottomOf="@+id/editTextTextPersonName2"
    app:layout_constraintVertical_bias="0.112" />
<Button
    android:id="@+id/button2"
    android:layout_width="wrap_content"
    android:layout_height="wrap_content"
    android:onClick="myclick"
    android:text="注册"
    app:layout_constraintBottom_toBottomOf="parent"
    app:layout_constraintEnd_toEndOf="parent"
    app:layout_constraintHorizontal_bias="0.857"
    app:layout_constraintStart_toStartOf="parent"
    app:layout_constraintTop_toBottomOf="@+id/editTextTextPersonName3"
    app:layout_constraintVertical_bias="0.349" />
<Button
    android:id="@+id/button1"
    android:layout_width="wrap_content"
    android:layout_height="wrap_content"
    android:text="登录"
    app:layout_constraintBottom_toBottomOf="parent"
    app:layout_constraintEnd_toEndOf="parent"
    app:layout_constraintHorizontal_bias="0.358"
    app:layout_constraintStart_toStartOf="parent"
    app:layout_constraintTop_toBottomOf="@+id/editTextTextPersonName3"
    app:layout_constraintVertical_bias="0.349" />
<ImageView
    android:id="@+id/imageView"
    android:layout_width="183dp"
    android:layout_height="176dp"
```

```
android:layout_marginTop="40dp"
app:layout_constraintEnd_toEndOf="parent"
app:layout_constraintHorizontal_bias="0.583"
app:layout_constraintStart_toStartOf="parent"
app:layout_constraintTop_toTopOf="parent"
app:srcCompat="@drawable/img1" />
</androidx.constraintlayout.widget.ConstraintLayout>
```

(3) 打开工程项目下的 app\src\main\java\com\example\ex3_10\MainActivity.java 文件，编写代码如下：

```java
public class MainActivity extends AppCompatActivity {
    Button btn1;
    AlertDialog.Builder d2;
    protected void onCreate(Bundle savedInstanceState) {
        super.onCreate(savedInstanceState);
        setContentView(R.layout.activity_main);
        btn1=findViewById(R.id.button1);
        btn1.setOnClickListener(new Myclick());
    }
    class Myclick implements View.OnClickListener {
        public void onClick(View v) {
            if(v==btn1){
                d2= new AlertDialog.Builder(MainActivity.this);
                d2.setTitle("确认对话框");
                d2.setIcon(R.drawable.img1);
                d2.setPositiveButton("ok", new
                    DialogInterface.OnClickListener() {
                    public void onClick(DialogInterface dialog, int which) {
                     Toast.makeText(MainActivity.this,"rrrr",
                            Toast.LENGTH_SHORT).show();
                    }
                });
                d2.setNegativeButton("no",new
                    DialogInterface.OnClickListener() {
                    public void onClick(DialogInterface dialog, int which) {
                        Toast.makeText(MainActivity.this,"no",
                                Toast.LENGTH_SHORT).show();
                    }
                });
                d2.show();
            }
        }
    }
}
```

程序运行结果如图 3-13 所示，单击"登录"按钮，弹出确认对话框，如图 3-14 所示。

图 3-13　实例 3-10 的程序运行结果

图 3-14　弹出确认对话框

3.2.2　自定义对话框

有时候需要按照自己的需求设置对话框上面显示的内容，那就需要自定义对话框。可以用 Dailog 或 AlertDailog.Builder 来实现自定义对话框。创建自定义对话框的步骤如下。

第 1 步：创建对话框的布局文件。

第 2 步：创建对话框 Dailog 或 AlertDailog.Builder 对象。

第 3 步：加载布局文件。

第 4 步：调用对话框对象的 show() 方法显示对话框。

【例 3-11】对于图 3-13 所示的登录界面，单击"登录"按钮，弹出一个 Dailog 自定义对话框。单击"注册"按钮，弹出一个 AlertDailog 自定义对话框。

(1) 创建一个名称为 Ex3_11 的项目，包名为 com.example.ex3_11。

(2) 在 app\src\main\res\layout 下新建布局文件 mydialog.xml，代码如下：

```xml
<?xml version="1.0" encoding="utf-8"?>
<RelativeLayout
    xmlns:android="http://schemas.android.com/apk/res/android"
    android:layout_width="match_parent"
    android:layout_height="match_parent"
    android:background="#ffffff">
<TextView
    android:id="@+id/textView1"
    android:layout_width="match_parent"
    android:layout_height="50dp"
    android:background="#00ff00"
    android:textSize="20sp"
    android:gravity="center"
    android:layout_alignParentLeft="true"
    android:layout_alignParentTop="true"
    android:text="请输入用户名和密码" />
```

```
<TextView
    android:id="@+id/textView2"
    android:layout_width="wrap_content"
    android:layout_height="wrap_content"
    android:layout_alignParentLeft="true"
    android:layout_below="@+id/textView1"
    android:layout_marginTop="26dp"
    android:text="用户名"
    android:layout_marginLeft="10dp"  />
<TextView
    android:id="@+id/textView3"
    android:layout_width="wrap_content"
    android:layout_height="wrap_content"
    android:layout_alignParentLeft="true"
    android:layout_below="@+id/textView2"
    android:layout_marginTop="23dp"
    android:text="密码"
    android:layout_marginLeft="10dp" />
<EditText
    android:id="@+id/editText1"
    android:layout_width="wrap_content"
    android:layout_height="wrap_content"
    android:layout_alignBaseline="@+id/textView2"
    android:layout_alignBottom="@+id/textView2"
    android:layout_alignParentRight="true"
    android:layout_marginRight="23dp"
    android:ems="10" />
<EditText
    android:id="@+id/editText2"
    android:layout_width="wrap_content"
    android:layout_height="wrap_content"
    android:layout_alignBaseline="@+id/textView3"
    android:layout_alignBottom="@+id/textView3"
    android:layout_alignLeft="@+id/editText1"
    android:ems="10">
</EditText>
<Button
    android:id="@+id/button1"
    android:layout_width="wrap_content"
    android:layout_height="wrap_content"
    android:layout_alignParentLeft="true"
    android:layout_below="@+id/editText2"
    android:layout_marginLeft="34dp"
    android:layout_marginTop="36dp"
    android:text="登录"/>
<Button
    android:id="@+id/button2"
    android:layout_width="wrap_content"
    android:layout_height="wrap_content"
    android:layout_alignBaseline="@+id/button1"
    android:layout_alignBottom="@+id/button1"
    android:layout_marginLeft="23dp"
    android:layout_toRightOf="@+id/button1"
    android:text="取消" />
</RelativeLayout>
```

(3) 打开工程项目下的 app\src\main\java\com\example\ex3_11\MainActivity.java 文件，编写代码如下：

```java
public class MainActivity extends AppCompatActivity {
  Button btn1,btn2;
  Dialog d;
  AlertDialog.Builder d2;
  protected void onCreate(Bundle savedInstanceState) {
    super.onCreate(savedInstanceState);
    setContentView(R.layout.activity_main);
    btn1=findViewById(R.id.button1);
    btn2=findViewById(R.id.button2);
    btn1.setOnClickListener(new Myclick());
    btn2.setOnClickListener(new Myclick());
  }
  class Myclick implements View.OnClickListener {
    public void onClick(View v) {
      if(v==btn1){
        d=new Dialog(MainActivity.this);
        d.setContentView(R.layout.mydialog);
        d.show();
      }
      if(v==btn2){
        d2= new AlertDialog.Builder(MainActivity.this);
        RelativeLayout dia=(RelativeLayout) getLayoutInflater()
          .inflate(R.layout.mydialog,null);
        d2.setView(dia);
        d2.show();
      }
    }
  }
}
```

运行程序结果如图 3-13 所示。当用户单击"登录"与"注册"按钮时，弹出对话框，如图 3-15 所示。

图 3-15 弹出自定义对话框

3.3 信 息 提 示

在 Android 中有两个提示信息的控件：一个是 Toast，这个控件默认显示在界面的底部，做一些简单的提示；另一个是 Notification，用过 Android 手机的读者都知道，在有未接电话或有新短信未读取时，在标题栏中就会有相应的图标进行提示，这就是 Notification。

3.3.1 消息提示 Toast

Toast 是 Android 中用来显示信息的一种机制，该提示消息以浮于应用程序之上的形式显示在屏幕上。它并不获得焦点，不会影响用户的其他操作。使用消息提示组件 Toast 的目的就是为了尽可能不中断用户操作，并使用户看到提供的信息内容。Toast 类的常用方法如表 3-8 所示。

表 3-8　Toast 的常用方法

对应方法	说　明
Toast(Context context)	Toast 的构造方法，构造一个空的 Toast 对象
makeText(Context context, CharSequence text, int duration)	以特定时长显示文本内容，参数 text 为显示的文本；参数 duration 为显示时间，较长时间取值 LENGTH_LONG，较短时间取值 LENGTH_SHORT
getView()	返回视图
setDuration(int duration)	设置存续时间
setView(View view)	设置要显示的视图
setGravity(int gravity, int xOffset, int yOffset)	设置提示信息在屏幕上的显示位置
setText(int resId)	更新 makeText()方法所设置的文本内容
show()	显示提示信息
LENGTH_LONG	提示信息显示较长时间的常量
LENGTH_SHORT	提示信息显示较短时间的常量

Toast 消息提示有系统默认效果和自定义效果，它们的使用方法如下。

默认效果：

```
Toast.makeText(getApplicationContext(), "默认 Toast 样式",
    Toast.LENGTH_SHORT).show();
```

自定义显示位置效果：

```
Toast.makeText(getApplicationContext(), "自定义位置 Toast",Toast.LENGTH_LONG);
toast.setGravity(Gravity.CENTER, 0, 0).show();
```

带图标方式：

```
toast = Toast.makeText(getApplicationContext(),"带图标的 Toast",
Toast.LENGTH_LONG);
toast.setGravity(Gravity.CENTER, 0, 0);
LinearLayout toastView = (LinearLayout) toast.getView();
```

```
ImageView imageCodeProject = new ImageView(getApplicationContext());
imageCodeProject.setImageResource(R.drawable.icon);
toastView.addView(imageCodeProject, 0);
toast.show();
```

完全自定义效果：

```
LayoutInflater inflater = getLayoutInflater();
View layout = inflater.inflate(R.layout.custom,
    (ViewGroup) findViewById(R.id.llToast));
ImageView image = (ImageView) layout.findViewById(R.id.tvImageToast);
image.setImageResource(R.drawable.icon);
TextView title = (TextView) layout.findViewById(R.id.tvTitleToast);
title.setText("Attention");
TextView text = (TextView) layout.findViewById(R.id.tvTextToast);
text.setText("完全自定义 Toast");
toast = new Toast(getApplicationContext());
toast.setGravity(Gravity.RIGHT | Gravity.TOP, 12, 40);
toast.setDuration(Toast.LENGTH_LONG);
toast.setView(layout);
toast.show();
```

【例 3-12】消息提示 Toast 的应用。

(1) 创建一个名称为 Ex3_12 的项目，包名为 com.example.ex3_12。

(2) 打开工程项目下的 app\src\main\res\layout\activity_main.xml 布局文件，设置布局，布局上有 3 个按钮，分别用来显示默认方式的 Toast、自定义方式的 Toast 以及带图标方式的 Toast，代码如下：

```
<?xml version="1.0" encoding="utf-8"?>
<LinearLayout xmlns:android="http://schemas.android.com/apk/res/android"
  xmlns:app="http://schemas.android.com/apk/res-auto"
  xmlns:tools="http://schemas.android.com/tools"
  android:layout_width="match_parent"
  android:layout_height="match_parent"
  tools:context=".MainActivity"
  android:orientation="vertical">
  <TextView
      android:id="@+id/textView4"
      android:layout_width="match_parent"
      android:layout_height="51dp"
      android:text="消息提示 Toast"
      android:textSize="35dp"
      android:gravity="center"/>
  <Button
      android:id="@+id/button1"
      android:layout_width="match_parent"
      android:layout_height="wrap_content"
      android:text="默认方式"
      android:textSize="25dp"/>
  <Button
      android:id="@+id/button2"
      android:layout_width="match_parent"
```

```
        android:layout_height="wrap_content"
        android:text="自定义方式"
        android:textSize="25dp"/>
    <Button
        android:id="@+id/button3"
        android:layout_width="match_parent"
        android:layout_height="wrap_content"
        android:text="图标方式"
        android:textSize="25dp"/>
</LinearLayout>
```

(3) 打开工程项目下的 app\src\main\java\com\example\ex3_12\MainActivity.java 文件,编写代码如下:

```java
public class MainActivity extends AppCompatActivity {
    Button btn1, btn2, btn3;
    protected void onCreate(Bundle savedInstanceState) {
        super.onCreate(savedInstanceState);
        setContentView(R.layout.activity_main);
        btn1 = findViewById(R.id.button1);
        btn2 = findViewById(R.id.button2);
        btn3 = findViewById(R.id.button3);
        btn1.setOnClickListener(new mItemClick());//为 Button 注册事件监听器
        btn2.setOnClickListener(new mItemClick());
        btn3.setOnClickListener(new mItemClick());
    }
    class mItemClick implements View.OnClickListener {
        Toast toast;
        LinearLayout toastView;
        ImageView imageCodeProject;
        public void onClick(View v) {
            if (v == btn1) {
                Toast.makeText(getApplicationContext(), "默认 Toast 样式",
                    Toast.LENGTH_SHORT).show();
            } else if (v == btn2) {
                toast = Toast.makeText(MainActivity.this, "自定义 Toast 的位置",
                    Toast.LENGTH_SHORT);
                toast.setGravity(Gravity.CENTER, 0, 0);
                toast.show();
            } else if (v == btn3) {
                toast = Toast.makeText(MainActivity.this, "带图标的 Toast",
                    Toast.LENGTH_SHORT);
                toast.setGravity(Gravity.CENTER, 0, 80);
                toastView = (LinearLayout) toast.getView();
                imageCodeProject = new ImageView(MainActivity.this);
                imageCodeProject.setImageResource(R.drawable.img1);
                toastView.addView(imageCodeProject, 0);
                toast.show();
            }
        }
    }
}
```

单击每个按钮，会显示相应模式的消息提示，程序运行结果如图 3-16 所示。

图 3-16　消息提示 Toast 的应用

3.3.2　Notification 应用

Notification 可以在屏幕最顶部的状态栏上显示一个图标通知。用手指按下状态栏，并从手机上方向下滑动，就可以打开状态栏查看提示消息。通知的同时可以播放声音，以及振动提示用户。单击通知还可以进入到指定的 Activity。

开发 Notification 时，主要涉及以下三个类。

Notification.Builder：这个类一般用于动态地设置 Notification 的一些属性。即用 set 来设置。

NotificationManager：主要负责 Notification 在状态栏中的显示和取消。

Notification：主要是设置 Notification 的相关属性，如表 3-9 所示。

表 3-9　相关属性

常　量	说　明
DEFAULT_ALL	使用所有默认值，比如声音、振动、闪屏等
DEFAULT_LIGHTS	使用默认闪光提示
DEFAULT_SOUNDS	使用默认提示声音
DEFAULT_VIBRATE	使用默认提示手机振动

使用的基本流程如下。

首先获得 NotificationManager 对象：

```
NotificationManager mNManager = (NotificationManager)
getSystemService(NOTIFICATION_SERVICE);
```

创建一个通知栏的 Notification 对象：

```
Notification.Builder nBuilder;=new Notification.Builder(getApplicationContext());
```

对 Builder 进行相关的设置，比如标题、内容、图标、动作等。

调用 Builder 的 build()方法为 notification 赋值：

```
Notification notification = n_Builder.build();
```

最后调用 NotificationManager 的 notify()方法发送通知。

另外，我们还可以调用 NotificationManager 的 cancel()方法取消通知。

【例 3-13】Notification 的应用。

(1) 创建一个名称为 Ex3_13 的项目，包名为 com.example.ex3_13。

(2) 打开工程项目下的 app\src\main\res\layout\activity_main.xml 布局文件，设置布局，布局上有 2 个按钮，分别用来发送 Notification 与关闭 Notification。代码如下：

```
<?xml version="1.0" encoding="utf-8"?>
<LinearLayout xmlns:android="http://schemas.android.com/apk/res/android"
 xmlns:app="http://schemas.android.com/apk/res-auto"
 xmlns:tools="http://schemas.android.com/tools"
 android:layout_width="match_parent"
 android:layout_height="match_parent"
 tools:context=".MainActivity"
 android:orientation="vertical">
  <TextView
      android:id="@+id/textView1"
      android:layout_width="match_parent"
      android:layout_height="wrap_content"
      android:text="Notification"
      android:gravity="center"
      android:textSize="35dp"/>
  <Button
      android:id="@+id/button1"
      android:layout_width="match_parent"
      android:layout_height="wrap_content"
      android:text="发送"
      android:textSize="25dp"/>
  <Button
      android:id="@+id/button2"
      android:layout_width="match_parent"
      android:layout_height="wrap_content"
      android:text="关闭"
      android:textSize="25dp"/>
</LinearLayout>
```

(3) 打开工程项目下的 app\src\main\java\com\example\ex3_13\MainActivity.java 文件，编写代码如下：

```
public class MainActivity extends AppCompatActivity {
    Button btn1, btn2;
    Notification nf;
    Notification.Builder nb;
    NotificationManager nm;
```

```
@Override
protected void onCreate(Bundle savedInstanceState) {
    super.onCreate(savedInstanceState);
    setContentView(R.layout.activity_main);
    nm=(NotificationManager)getSystemService(NOTIFICATION_SERVICE);
    btn1 = (Button) findViewById(R.id.button1);
    btn2 = (Button) findViewById(R.id.button2);
    btn1.setOnClickListener(new mItemClick());
    btn2.setOnClickListener(new mItemClick());
}
class mItemClick implements View.OnClickListener {
    public void onClick(View v) {
        if(v==btn1){
            nb=new Notification.Builder(MainActivity.this);
            nb.setContentTitle("紧急通知");
            nb.setContentText("这是紧急通知");
            nb.setSmallIcon(R.drawable.img1);
            Intent intent = new Intent(MainActivity.this,MainActivity.class);
            PendingIntent pi=
                PendingIntent.getActivity(MainActivity.this,0,intent,0);
            nb.setContentIntent(pi);
            nf=nb.build();
            nm.notify(1,nf);
        }
        if(v==btn2){
            nm.cancel(1);
        }
    }
}
}
```

程序运行结果如图 3-17 所示。单击"发送"按钮，用鼠标按住模拟器的顶端往下拉，出现如图 3-18 所示的界面。

图 3-17　例 3-13 的程序运行结果

图 3-18　发送通知

💡 **注意:** Notification 发送后,必须关闭了才能再次发送。

动 手 实 践

项目 1　评分系统

【项目描述】

项目运行开始,进度条的值就自动加 1,当单击评分控件后,在界面显示"您花费了 17 秒进行评价,您的评分是 3.0 分",如图 3-19 所示。

图 3-19　评分系统

【项目目标】

熟练掌握 ProgressBar(进度条)和 SeekBar(拖动条)以及 RatingBar 评分控件的使用。

项目 2　翻扑克牌游戏

【项目描述】

在界面上有一个"开始发牌"的按钮和一个 GridView,GridView 里每行有 5 张背面朝上的扑克牌,GridView 刚开始不可见,效果如图 3-20 所示。单击"开始发牌"按钮,"开始发牌"按钮消失,GridView 出现,如图 3-21 所示。单击每张扑克牌都能将扑克牌翻转过来看看扑克牌的花色与点数,如图 3-22 所示。

【项目目标】

熟练掌握 ListView 控件和 SimpleAdapter 适配器以及网格视图(GridView)的使用。

图 3-20　游戏开始前

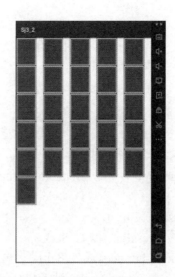

图 3-21　开始游戏

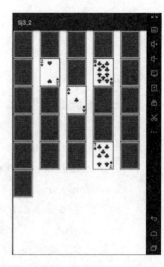

图 3-22　翻看扑克牌

项目 3　班级通讯录

【项目描述】

利用自定义对话框实现一个对话框，以显示班级通讯录。通讯录中包括联系人照片，点击照片，显示联系人的姓名与电话。

项目运行时首先弹出登录对话框，如图 3-23 所示，输入用户名与密码，单击"登录"按钮即可以进入班级通讯录查看信息，如图 3-24 所示，否则不能进入班级通讯录；单击"取消"按钮，则退出项目。

图 3-23　登录对话框

图 3-24　显示通讯录

【项目目标】

熟练掌握 ListView 控件与对话框的使用。

巩 固 训 练

单选题

1. RatingBar 组件中不能用属性直接设置的是(　　)。

    A. 五角星个数　　　B. 当前分数　　　C. 分数的增量　　　D. 五角星的色彩

2. 进度条中(　　)属性是设置进度条大小的。

    A. android:secondaryProgress　　　　B. android:progress

    C. android:max　　　　　　　　　　　D. style

3. 下面属于拖动条组件的是(　　)。

    A. RatingBar　　　　B. ProgressBar　　　C. SeekBar　　　　D. ScrollBar

4. 列表视图 ListView 的 android:divider 属性用于(　　)。

    A. 设置列表视图有没有分隔线　　　　B. 设置列表视图的分隔线样式

    C. 设置列表视图的分隔线高度　　　　D. 设置列表视图的分隔线宽度

5. 下列选项中，可以设置 android:entries 属性的类不包含(　　)。

    A. Spinner　　　　　　　　　　　B. AutoCompleteTextView

    C. ListView　　　　　　　　　　　D. ListPreference

6. 下列关于列表的适配器说法中正确的是(　　)。

    A. ArrayAdapter 只显示一行文字

    B. SimpleAdapter 只能显示文本

    C. SimpleAdapter 可以将从游标处得到的数据进行列表显示

    D. SimpleCursorAdapter 不可以把指定的列映射到对应的 TextView 中

7. 能够自动完成输入内容的组件是(　　)。

    A. TextView　　　　B. EditText　　　　C. ImageView　　　D. AutoCompleteTextView

8. 下面表示下拉列表的组件是(　　)。

    A. Gallery　　　　　B. Spinner　　　　C. GridView　　　　D. ListView

9. 下面自定义 style 方式正确的是(　　)。

    A.
```
<resources>
<style name="myStyle">
<item name="android:layout_width">fill_parent</item>
</style>
</resources>
```
    B.
```
<stylename="myStyle">
<item name="android:layout_width">fill_parent</item>
</style>
```
    C.
```
<resources>
<item name="android:layout_width">fill_parent</item>
</resources>
```
    D.
```
<resources>
<style name="android:layout_width">fill_parent</style>
</resources>
```

10. 在 Android 中，ArrayAdapter 类的作用是(　　)。

    A. 把数据传递给服务　　　　　　　　B. 把数据传递给广播

    C. 把数据显示到 Activity 上　　　　　D. 用于把数据绑定到组件上

11. 在 ArrayAdapter 的构造方法 ArrayAdapter(this, android.R.layout. simple_spinner_item, mItems)中，第 2 个参数的作用是(　　)。

    A. Spinner 的默认样式

    B. Spinner 展开的时候下拉菜单的样式

    C. Spinner 未展开菜单时 Spinner 的默认样式

    D. Spinner 的列表样式

12. 关于 Spinner 的 android:spinnerMode 属性说法中，不正确的是(　　)。

    A. 它的值可以是 dropdown

    B. 它用于设置 Spinner 展开时的下拉菜单显示方式

    C. 其值可以是 dialog

    D. 当其值为 dialog 时，表示以对话框的形式显示 Spinner

13. 下列关于 Spinner 的属性与描述不正确的是(　　)。

    A. android:entries，直接在 XML 布局文件中绑定数据源

    B. android:prompt，在 Spinner 弹出选择对话框的时候对话框的标题

    C. android:popupBackground，当 Spinner 是弹出框时，使用这个属性来设置其背景

    D. android:gravity，设置当前选择的项目的对齐方式

14. 设计 Toast 时涉及 3 个参数，分别是(　　)。

    A. 第 1 个参数是环境变量，第 2 个参数是显示时间，第 3 个参数是显示字符串

    B. 第 1 个参数是显示字符串，第 2 个参数是环境变量，第 3 个参数是显示时间

    C. 第 1 个参数是环境变量，第 2 个参数是显示字符串，第 3 个参数是显示时间

    D. 第 1 个参数是显示字符串，第 2 个参数是显示时间，第 3 个参数是环境变量

15. 下列关于 ListView 使用的描述中，不正确的是(　　)。

    A. 要使用 ListView，必须为该 ListView 使用 Adpater 方式传递数据

    B. 要使用 ListView，该布局文件对应的 Activity 必须继承 ListActivity

    C. ListView 中每一项的视图布局既可以使用内置的布局方式，也可以使用自定义的布局方式

    D. ListView 中每一项被选中时，将会触发 ListView 对象的 ItemClick 事件

16. 关于适配器的说法正确的是(　　)。

    A. 它主要用来存储数据　　　　　　　B. 它主要用来把数据绑定在组件上

    C. 它主要用来存储 XML 数据　　　　D. 它主要用来解析数据

第4章

Android 动画与图像

教学目标

- 掌握 Android 补间动画的使用方法。
- 掌握 Android 帧动画的使用方法。
- 能够熟练创建自定义控件。
- 掌握 Android 线程与 Handler 消息机制。

4.1 Android 动画

Android 的动画可以分为 3 种：补间动画(Tween Animation)、帧动画(Frame Animation)和属性动画(Property Animation)。补间动画主要实现对图片进行移动、放大、缩小以及透明度变化的功能；而帧动画则比较简单，就是将一张张图片连续播放以产生动画效果；属性动画通过动态地改变对象的属性从而达到动画效果。属性动画为 API 11 的新特性，在低版本中无法直接使用属性动画，所以本书不涉及属性动画。

4.1.1 补间动画

补间动画(Tween Animation)通过对 View 的内容进行一系列的图形变换(包括平移、缩放、旋转、改变透明度)来实现动画效果。Android 的 Tween Animation 由 4 种类型组成：alpha、scale、translate、rotate，如表 4-1 所示。

表 4-1　Tween Animation 的四种类型

标记名称	属 性 值	说 明
`<alpha>` 透明变化	fromAlpha：变换的起始透明度。 toAlpha：变换的终止透明度，取值为 0.0～1.0	实现透明度变换效果
`<scale>` 缩放	fromXScale：起始的 X 方向上的尺寸。 toXScale：终止的 X 方向上的尺寸。 fromYScale：起始的 Y 方向上的尺寸。 toYScale：终止的 Y 方向上的尺寸；其中 1.0 代表原始大小。 pivotX：进行尺寸变换的中心 X 坐标。 pivotY：进行尺寸变换的中心 Y 坐标	实现尺寸变换效果,可以指定一个变换中心，例如指定 pivotX 和 pivotY 为(0,0)，则尺寸的拉伸或收缩均从左上角的位置开始
`<translate>` 位置移动	fromXDelta：起始 X 位置。 toXDelta：终止 X 位置。 fromYDelta：起始 Y 位置。 toYDelta：终止 Y 位置	实现水平或竖直方向上的移动效果。如果属性值以"%"结尾，代表相对于自身的比例；如果以"%p"结尾，代表相对于父控件的比例；如果不以任何后缀结尾，代表绝对的值
`<rotate>` 旋转	fromDegree：开始旋转位置。 toDegree：结束旋转位置；以角度为单位。 pivotX：旋转中心点的 X 坐标。 pivotY：旋转中心点的 Y 坐标	实现旋转效果,可以指定旋转定位点

Tween Animation 的使用方式是，在 res/anim 目录中定义 XML 资源文件 Animation，使用 AnimationUtils 中的 loadAnimation()函数加载动画。

【例 4-1】Tween 动画。

(1) 创建一个名称为 Ex4_1 的项目，包名为 com.example.ex4_1。

(2) 打开工程项目下的 app\src\main\res\layout\activity_main.xml 布局文件，设置布局，添加一个 ImageView 控件用来存放图片，再添加一个按钮(Button)，代码如下：

```xml
<?xml version="1.0" encoding="utf-8"?>
<RelativeLayout
    xmlns:android="http://schemas.android.com/apk/res/android"
    xmlns:app="http://schemas.android.com/apk/res-auto"
    xmlns:tools="http://schemas.android.com/tools"
    android:layout_width="match_parent"
    android:layout_height="match_parent"
    tools:context=".MainActivity">
    <ImageView
        android:id="@+id/imageView"
        android:layout_width="256dp"
        android:layout_height="247dp"
        android:layout_alignParentEnd="true"
        android:layout_alignParentBottom="true"
        android:layout_marginEnd="91dp"
        android:layout_marginBottom="374dp"
        app:srcCompat="@drawable/img1" />
    <Button
        android:id="@+id/button"
        android:layout_width="wrap_content"
        android:layout_height="wrap_content"
        android:layout_alignParentEnd="true"
        android:layout_alignParentBottom="true"
        android:layout_marginEnd="198dp"
        android:layout_marginBottom="260dp"
        android:text="开始补间动画" />
</RelativeLayout>
```

在 res 目录下新建文件夹 anim，在 anim 文件夹里新建 XML 文件 tween.xml，代码如下：

```xml
<?xml version="1.0" encoding="utf-8"?>
<set xmlns:android="http://schemas.android.com/apk/res/android">
  alpha
    android:fromAlpha="1.0"
    android:toAlpha="0.0"
    android:duration="10000"/>
  scale
    android:fromXScale="1.0"
    android:toXScale="0.0"
    android:fromYScale="1.0"
    android:toYScale="0.0"
    android:pivotX="50%"
    android:pivotY="50%"
    android:duration="10000"/>
  translate
    android:fromXDelta="30"
    android:toXDelta="0"
    android:fromYDelta="30"
    android:toYDelta="0"
```

```
        android:duration="10000"/>
  <rotate
        android:fromDegrees="0"
        android:toDegrees="+360"
        android:pivotX="50%"
        android:pivotY="50"
        android:duration="10000"/>
</set>
```

(3) 打开工程项目下的 app\src\main\java\com\example\ex3_1\MainActivity.java 文件，编写代码如下：

```
public class MainActivity extends AppCompatActivity {
    ImageView imageview;
    Button btn;
    @Override
    protected void onCreate(Bundle savedInstanceState) {
        super.onCreate(savedInstanceState);
        setContentView(R.layout.activity_main);
        imageview=this.findViewById(R.id.imageView);
        btn=(Button)this.findViewById(R.id.button);
        btn.setOnClickListener(new View.OnClickListener(){
            @Override
            public void onClick(View v) {
                Animation animation= AnimationUtils.
                        loadAnimation(MainActivity.this, R.anim.tween);
                imageview.startAnimation(animation);
            }
        });
    }
}
```

运行程序，结果如图 4-1 所示。单击"开始补间动画"按钮，图片会出现平移、缩放、旋转、改变透明度等效果。

图 4-1　例 4-1 的程序运行结果

4.1.2 帧动画

帧动画(Frame Animation)顺序播放一系列事先加载好的静态图片产生动画效果，就如同电影一样。帧动画的 XML 文件中主要用到的标签及其属性如表 4-2 所示。

表 4-2 帧动画的 XML 文件中主要用到的标签

标签名称	属 性 值	说 明
<animation-list>	android:oneshot：如果设置为 true，则该动画只播放一次，然后停止在最后一帧	Frame Animation 的根标记，包含若干<item>标记
<item>	android:drawable：图片帧的引用。 android:duration：图片帧的停留时间。 android:visible：图片帧是否可见	每个<item>标记定义了一个图片帧，其中包含图片资源的引用等属性

帧动画主要是通过 AnimationDrawable 类来实现的，它有 start()和 stop()两个重要的方法来启动和停止动画。帧动画一般通过 XML 文件配置，在工程的 res/anim 目录下创建一个 XML 配置文件，该配置文件有一个<animation-list>根元素和若干个<item>子元素。每个 item 元素定义一帧动画，设置当前帧的 drawable 资源和当前帧持续的时间。语法如下：

```
<?xml version="1.0" encoding="utf-8"?>
<animation-list
xmlns:android="http://schemas.android.com/apk/res/android"
                android:oneshot=["true"|"false"]>
<item android:drawable="@[package:]drawable/drawable_resource_name"
                android:duration="integer" />
</animation-list>
```

💡 **注意：** <animation-list>元素是必需的，并且必须要作为根元素，可以包含一个或多个<item>元素；android:oneshot 如果定义为 true，此动画只会执行一次；如果为 false，则一直循环。

<item>元素代表一帧动画，android:drawable 指定此帧动画所对应的图片资源，android:duration 代表此帧持续的时间，整数，单位为毫秒。

【例 4-2】Frame 动画。实现一个人跳舞的帧动画，6 张图片如图 4-2 所示。

图 4-2 图片

把这 6 张图片放到 res/drawable 目录下，分别取名为 dance1.png、dance2.png、dance3.png、dance4.png、dance5.png、dance6.png。

(1) 创建一个名称为 Ex4_2 的项目，包名为 com.example.ex4_2。

(2) 打开工程项目下的 app\src\main\res\layout\activity_main.xml 布局文件，设置布局。

在界面上添加一个 ImageView 控件，用来存放图片，不需要设置 ImageView 的 android:src
属性值，再添加两个按钮 Button。代码如下：

```xml
<?xml version="1.0" encoding="utf-8"?>
<androidx.constraintlayout.widget.ConstraintLayout
    xmlns:android="http://schemas.android.com/apk/res/android"
    xmlns:app="http://schemas.android.com/apk/res-auto"
    xmlns:tools="http://schemas.android.com/tools"
    android:layout_width="match_parent"
    android:layout_height="match_parent"
    tools:context=".MainActivity">
    <ImageView
        android:id="@+id/imageView"
        android:layout_width="180dp"
        android:layout_height="170dp"
        app:layout_constraintBottom_toBottomOf="parent"
        app:layout_constraintEnd_toEndOf="parent"
        app:layout_constraintHorizontal_bias="0.536"
        app:layout_constraintStart_toStartOf="parent"
        app:layout_constraintTop_toTopOf="parent"
        app:layout_constraintVertical_bias="0.212"
        app:srcCompat="@drawable/dance1" />
    <Button
        android:id="@+id/button"
        android:layout_width="wrap_content"
        android:layout_height="wrap_content"
        android:text="开始"
        app:layout_constraintBottom_toBottomOf="parent"
        app:layout_constraintEnd_toEndOf="parent"
        app:layout_constraintHorizontal_bias="0.273"
        app:layout_constraintStart_toStartOf="parent"
        app:layout_constraintTop_toTopOf="parent"
        app:layout_constraintVertical_bias="0.547" />
    <Button
        android:id="@+id/button2"
        android:layout_width="wrap_content"
        android:layout_height="wrap_content"
        android:text="停止"
        app:layout_constraintBottom_toBottomOf="parent"
        app:layout_constraintEnd_toEndOf="parent"
        app:layout_constraintHorizontal_bias="0.783"
        app:layout_constraintStart_toStartOf="parent"
        app:layout_constraintTop_toTopOf="parent"
        app:layout_constraintVertical_bias="0.547" />
</androidx.constraintlayout.widget.ConstraintLayout>
```

在 drawable 目录下新建文件夹 anim，在 anim 文件夹里新建 XML 文件 frame.xml，代
码如下：

```xml
<?xml version="1.0" encoding="utf-8"?>
<animation-list xmlns:android="http://schemas.android.com/apk/res/android"
  android:oneshot="false">
    <item android:duration="500" android:drawable="@drawable/dance1"/>
    <item android:duration="500" android:drawable="@drawable/dance2"/>
    <item android:duration="500" android:drawable="@drawable/dance3"/>
    <item android:duration="500" android:drawable="@drawable/dance4"/>
    <item android:duration="500" android:drawable="@drawable/dance5"/>
    <item android:duration="500" android:drawable="@drawable/dance6"/>
</animation-list>
```

(3) 打开工程项目下的 app\src\main\java\com\example\ex3_1\MainActivity.java 文件，编写代码如下：

```java
public class MainActivity extends AppCompatActivity {
    ImageView imageview;
    Button btn, btn1;
    AnimationDrawable aDrawable;
    Animation animation;
    @Override
    protected void onCreate(Bundle savedInstanceState) {
        super.onCreate(savedInstanceState);
        setContentView(R.layout.activity_main);
        imageview = this.findViewById(R.id.imageView);
        imageview.setBackgroundResource(R.drawable.frame);
        aDrawable = (AnimationDrawable) imageview.getBackground();
        btn = this.findViewById(R.id.button);
        btn.setOnClickListener(new View.OnClickListener() {
            @Override
            public void onClick(View v) {
                aDrawable.start();
            }
        });
        btn1 = (Button) this.findViewById(R.id.button2);
        btn1.setOnClickListener(new View.OnClickListener() {
            @Override
            public void onClick(View v) {
                aDrawable.stop();
            }
        });
    }
}
```

运行程序，结果如图 4-3 所示。单击"开始"按钮后，动画一直不停地播放，直到单击"停止"按钮为止。

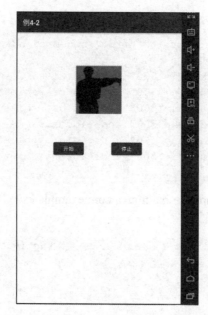

图 4-3　Frame 动画

4.2　自定义控件

4.2.1　获取图形图像资源

Android 资源文件大致可以分为两种。

第 1 种是 res 目录下存放的可编译的资源文件。这种资源文件系统会在 R.java 里面自动生成该资源文件的 ID，所以访问这种资源文件比较简单，通过 R.XXX.ID 即可；在之前的应用程序中，我们使用的几乎都是存储在 drawable 文件夹中的图片资源。

第 2 种是 assets 目录下存放的原生资源文件。因为系统在编译的时候不会编译 assets 下的资源文件，所以我们不能通过 R.XXX.ID 的方式访问它们。那么能不能通过该资源的绝对路径去访问它们呢？因为 apk 安装之后会放在/data/App/**.apk 目录下，以 apk 形式存在，asset/res 也被绑定在 apk 里，并不会解压到/data/data/YourApp 目录中去，所以无法直接获取到 assets 的绝对路径，因为它们根本就没有。Android 系统为我们提供了一个 AssetManager 工具类、Bitmap 类和 BitmapFactory 接口，用于从 assets 文件夹中获取图片资源。

1. Bitmap 类与 BitmapFactory 接口

Bitmap 是 Android 系统中图像处理的最重要类之一，指的是一张图片，可以是 png，也可以是 jpg 等其他图片格式。Bitmap 可以和 Matrix 结合，实现图像的剪切、旋转、缩放等操作，并可以指定格式保存图像文件。

Bitmap 实现在 android.graphics 包中。但是 Bitmap 类的构造函数是私有的，从外面并不能实例化对象，只能是通过 JNI 实例化对象。这必然是某个辅助类提供了创建 Bitmap 的接口，而这个类的实现是通过 JNI 接口来实例化 Bitmap 的，这个类就是 BitmapFactory。

利用 BitmapFactory 可以从一个指定文件中，利用 decodeFile()解出 Bitmap；也可以从定义的图片资源中，利用 decodeResource()解出 Bitmap。在使用方法 decodeFile()、 decodeResource()时，都可以指定一个 BitmapFacotry.Options。BitmapFactory 接口的常用方法如表 4-3 所示。

表 4-3　BitmapFactory 接口

方法名称	方法说明
public static BitmapdecodeByteArray(byte[] data, int offset, int length)	从指定字节数组的 offset 位置开始，解析长度为 length 的字节数据为 Bitmap 对象
public static BitmapdecodeFile(String pathName)	从 pathName 指定的文件中解析创建 Bitmap 对象
public static BitmapdecodeResource(Resources res, int id)	根据 id 指定的资源解析创建 Bitmap 对象
public static BitmapdecodeStream(InputStream is)	从指定的输入流中解析创建 Bitmap 对象

2. AssetManager 类

assets 文件夹里面的文件都是保持原始的文件格式，需要用 AssetManager 以字节流的形式读取文件。AssetManager 用于对应用程序的原始资源文件进行访问；这个类提供了一个低级别的 API，它允许以简单的字节流的形式打开和读取与应用程序绑定在一起的原始资源文件。通过 getAssets()方法，可以获取 AssetManager 对象。AssetManager 类的常用方法如表 4-4 所示。

表 4-4　AssetManager 类的常用方法

方法名称	方法说明
public void close()	关闭 AssetManager
public final InputStreamopen(String fileName)	打开指定资源对应的输入流
public final String[] list(String path)	返回指定路径下的所有文件及目录名
public final InputStream open(String fileName, int accessMode)	使用显示的访问模式打开 assets 下的指定文件

(1) 加载 assets 目录下的网页：

```
webView.loadUrl("file:///android_asset/工程名/index.html");
```

这种方式可以加载 assets 目录下的网页，并且与网页有关的 css、js、图片等文件也会被加载。

(2) 访问 assets 目录下的资源文件：

```
AssetManager.open(String filename);
```

返回的是一个 InputSteam 类型的字节流，这里的 filename 必须是文件(如 aa.txt，img/semll.jpg)，而不能是文件夹。

(3) 获取 assets 的文件及目录名。

获取 assets 目录下的所有文件及目录名：

```
String fileNames[] = context.getAssets().list(path);
```

【例 4-3】访问 assets 包中的图片文件。

(1) 创建一个名称为 Ex4_3 的项目，包名为 com.example.ex4_3。

新建 assets 包：右击工程名，在弹出的快捷菜单中选择 new→folder→Assets folder 命令，在弹出的对话框中单击 Finish 按钮，在 assets 包中新建一个 Directory，命名为 logo，将一组图片拷贝到 logo 中。

(2) 打开工程项目下的 app\src\main\res\layout\activity_main.xml 布局文件，设置布局，在布局文件中添加 ImageView 控件，用于显示图片；再添加一个按钮(Button)，单击按钮显示下一张图片。部分布局代码如下：

```xml
<?xml version="1.0" encoding="utf-8"?>
<RelativeLayout
    xmlns:android="http://schemas.android.com/apk/res/android"
    xmlns:app="http://schemas.android.com/apk/res-auto"
    xmlns:tools="http://schemas.android.com/tools"
    android:layout_width="match_parent"
    android:layout_height="match_parent"
    tools:context=".MainActivity">
    <ImageView
        android:id="@+id/imageView1"
        android:layout_width="192dp"
        android:layout_height="234dp"
        android:layout_alignParentLeft="true"
        android:layout_alignParentTop="true"
        android:layout_alignParentEnd="true"
        android:layout_alignParentBottom="true"
        android:layout_marginLeft="102dp"
        android:layout_marginTop="99dp"
        android:layout_marginEnd="117dp"
        android:layout_marginBottom="398dp"
        android:src="@drawable/img1" />
    <Button
        android:id="@+id/button1"
        android:layout_width="135dp"
        android:layout_height="wrap_content"
        android:layout_alignLeft="@+id/imageView1"
        android:layout_alignParentEnd="true"
        android:layout_alignParentBottom="true"
        android:layout_marginLeft="34dp"
        android:layout_marginEnd="140dp"
        android:layout_marginBottom="294dp"
        android:text="下一张" />
</RelativeLayout>
```

(3) 打开工程项目下的 app\src\main\java\com\example\ex4_3\MainActivity.java 文件，编写代码如下：

```java
public class MainActivity extends AppCompatActivity {
    ImageView imageview;
    Button btn;
    String[] files;//存放图片资源的数组
    AssetManager amanager;
```

```
    Bitmap bitmap;
    int index = 0;//数组下标
    @Override
    protected void onCreate(Bundle savedInstanceState) {
        super.onCreate(savedInstanceState);
        setContentView(R.layout.activity_main);
        imageview = (ImageView) this.findViewById(R.id.imageView1);
        btn = (Button) this.findViewById(R.id.button1);
        amanager = this.getAssets();//获取AssetManager引用
        try {
            files = amanager.list("logo");//返回logo文件夹下所有图片
        } catch (IOException c) {
            e.printStackTrace();
        }
        btn.setOnClickListener(new View.OnClickListener() {
            @Override
            public void onClick(View v) {
                index++;
                if (index > files.length - 1)
                    index = 0;
                InputStream input = null;
                try {
                    input = amanager.open("logo/" + files[index]);
                    bitmap = BitmapFactory.decodeStream(input);
                    imageview.setImageBitmap(bitmap);
                } catch (IOException e) {
                    // TODO Auto-generated catch block
                    e.printStackTrace();
                }
            }
        });
    }
}
```

运行程序，结果如图 4-4 所示。单击"下一张"按钮，ImageView 里会循环显示每一张图片。

图 4-4　访问 assets 文件夹中的图片文件

4.2.2 绘图

在 Android 中，如果想绘制复杂的自定义 View，就需要熟悉绘图 API。Android 通过 Canvas 类提供了很多 drawXXX 方法，可以通过这些方法绘制各种各样的图形。Canvas 绘图有三个基本要素：绘图坐标系、Canvas 及 Paint。Canvas 是画布，通过 Canvas 的各种 drawXXX 方法将图形绘制到 Canvas 上面。在 drawXXX 方法中，需要传入要绘制的图形的坐标形状，还要传入一个画笔 Paint。drawXXX 方法以及传入其中的坐标决定了要绘制的图形的形状，如 drawCircle 方法用来绘制圆形，需要我们传入圆心的 X 和 Y 坐标，以及圆的半径。drawXXX 方法中传入的画笔 Paint 决定了绘制图形的外观，比如绘制的图形的颜色，再比如是绘制圆面还是圆的轮廓线等。

1. Android 系统坐标系

若把 Android 绘画当成现实中的画家作画，Canvas 就是画家笔下的画板，而画家就是 Android 系统本身。在现实生活中，画家可以自主决定从哪个点开始起笔，又延伸到哪点；而在机器世界里，这些都是需要进行一系列逻辑计算的，所以坐标系应运而生。在 Android 中，主要有两大坐标系：Android 坐标系和视图坐标系，如图 4-5 所示。

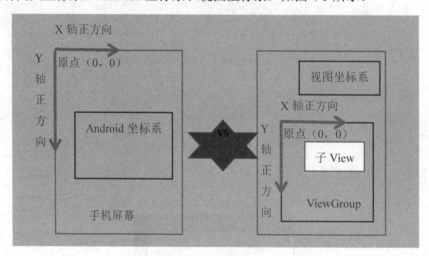

图 4-5　两种坐标系

1) Android 坐标系

Android 坐标系可以看成是物理存在的坐标系，也可以理解为绝对坐标。它以屏幕为参照物，就是以屏幕的左上角为坐标系原点(0,0)，原点向右延伸是 X 轴正方向，原点向下延伸是 Y 轴正方向。系统的 getLocationOnScreen(int[] location)方法获取 Android 坐标系中的位置(即该 View 左上角在 Android 坐标系中的坐标)，getRawX()、getRawY()方法获取的坐标也是 Android 坐标系的坐标。

2) 视图坐标系

视图坐标系是相对坐标系，是以子视图为参照物，以子视图的左上角为坐标原点(0,0)，原点向右延伸是 X 轴正方向，原点向下延伸是 Y 轴正方向，getX()、getY()就是获取视图坐标系下的坐标。

2. 画布 Canvas 类

Canvas 类主要实现了屏幕的绘制过程，其中包含很多实用的方法，如绘制一条路径、区域、贴图、画点、画线、渲染文本等。Canvas 类的常用方法如表 4-5 所示。

表 4-5　Canvas 类的常用方法

方　　法	功　　能
Canvas()	创建一个空的画布，可以使用 setBitmap()方法来设置绘制具体的画布
Canvas(Bitmap bitmap)	用 bitmap 对象创建一个画布，即将内容都绘制在 bitmap 上。bitmap 不得为 null
drawColor()	设置 Canvas 的背景颜色
setBitmap()	设置具体画布
clipRect()	设置显示区域，即设置裁剪区
rotate()	旋转画布
skew()	设置偏移量
drawLine(float x1, float y1, float x2, float y2)	绘制从点(x1, y1)到点(x2, y2)的直线
drawCircle(float x, float y, float radius, Paint paint)	绘制以(x, y)为圆心、radius 为半径的圆
drawRect(float x1, float y1, float x2, float y2, Paint paint)	绘制从左上角(x1, y1)到右下角(x2, y2)的矩形
drawText(String text, float x, floaty, Paint paint)	写文字
drawPath(Path path, Paint paint)	绘制从一点到另一点的连接路径线段

3. 画笔 Paint 类

Paint 即画笔，在绘图过程中起到了极其重要的作用。画笔主要保存了颜色、样式等绘制信息，指定了如何绘制文本和图形。画笔对象有很多设置方法，大体上可以分为两类，一类与图形绘制相关，一类与文本绘制相关。Paint 类的常用方法如表 4-6 所示。

表 4-6　Paint 类的常用方法

方　　法	功　　能
Paint()	构造方法，创建一个辅助画笔对象
setColor(int color)	设置颜色
setStrokeWidth(float width)	设置画笔宽度
setTextSize(float textSize)	设置文字尺寸
setAlpha(int a)	设置透明度 alpha 值
setAntiAlias(boolean b)	除去边缘锯齿，取 true 值
paint.setStyle(Paint.Style style)	设置图形为空心(Paint.Style.STROKE)或实心(Paint.Style.FILL)

4. 点到点的连线路径 Path 类

当绘制由一些线段组成的图形(如三角形、四边形等)时，需要用 Path 类来描述线段路径。Path 类的常用方法如表 4-7 所示。

表 4-7　Path 类的常用方法

方　　法	功　　能
lineTo(float x, float y)	从当前点到指定点画连线
moveTo(float x, float y)	移动到指定点
close()	关闭绘制连线路径

【例 4-4】基本图形绘制。

(1) 创建一个名称为 Ex4_4 的项目，包名为 com.example.ex4_4。

(2) 在工程项目下的 app\src\main\java\com\example\ex4_4 中新建一个类 MyView，使其继承 View 类，代码如下：

```java
public class MyView extends View {
    Bitmap bmap;
    public MyView(Context context) {
        super(context);
    }
    @Override
    protected void onDraw(Canvas canvas) {
        super.onDraw(canvas);
        canvas.drawColor(Color.CYAN); //设置背景为青色
        Paint paint = new Paint(); //定义画笔
        paint.setStrokeWidth(3); //设置画笔宽度
        paint.setStyle(Paint.Style.STROKE); //设置空心图形
        paint.setAntiAlias(true); //去锯齿
        canvas.drawRect(10,10,70,70,paint);// 画空心矩形(正方形)
        paint.setStyle(Paint.Style.FILL); //设置实心图形
        canvas.drawRect(100,10,170,70,paint); //画实心矩形(正方形)
        paint.setColor(Color.BLUE); //设置画笔颜色为蓝色
        canvas.drawCircle(100,120,30,paint);
              //画圆心为(100，120)，半径为 30 的实心圆
        paint.setColor(Color.WHITE);//在上面的实心圆上画一个小白点
        canvas.drawCircle(91,111,6,paint); //设置画笔颜色为红色
        paint.setColor(Color.RED);
        //画三角形
        Path path = new Path();
        path.moveTo(100, 170);
        path.lineTo(70, 230);
        path.lineTo(130,230);
        path.close();
        canvas.drawPath(path,paint);
        //用画笔书写文字
        paint.setTextSize(28);
        paint.setColor(Color.BLUE);
        canvas.drawText(getResources().getString(R.string.hello_world),
                    30,270,paint);
        //指定图片在屏幕上显示的区域(原图大小)
        bmap= BitmapFactory.decodeResource(this.getResources(),R.drawable.img1);
```

```
        canvas.drawBitmap(bmap,30,300,paint);

    }
}
```

(3) 显示绘制的基本图形。打开工程项目下的 app\src\main\java\com\example\ex3_1\
MainActivity.java 文件, 若类 MyView 只重写了一个参数的构造方法, 编写代码如下:

```
public class MainActivity extends ActionBarActivity {
    @Override
    protected void onCreate(Bundle savedInstanceState) {
        super.onCreate(savedInstanceState);
        MyView tView = new MyView(this);
        setContentView(tView);
    }
}
```

运行程序, 结果如图 4-6 所示。这时整个界面就只有一个自己定义的 View。

图 4-6　绘制的基本图形

(4) 若类 MyView 重写了两个参数的构造方法, 按下面的方法来显示绘图。

打开工程项目下的 app\src\main\res\layout\activity_main.xml 布局文件, 设置布局, 布局
代码如下:

```
<?xml version="1.0" encoding="utf-8"?>
<RelativeLayout xmlns:android="http://schemas.android.com/apk/res/android"
    xmlns:app="http://schemas.android.com/apk/res-auto"
    xmlns:tools="http://schemas.android.com/tools"
    android:layout_width="match_parent"
    android:layout_height="match_parent"
    tools:context=".FreedarwActivity">
    <Button
        android:id="@+id/button2"
        android:layout_width="109dp"
```

```
            android:layout_height="60dp"
            android:layout_alignParentEnd="true"
            android:layout_alignParentBottom="true"
            android:layout_marginEnd="33dp"
            android:layout_marginBottom="617dp"
            android:text="确定"/>
    <EditText
            android:id="@+id/editText1"
            android:layout_width="227dp"
            android:layout_height="70dp"
            android:layout_alignParentEnd="true"
            android:layout_alignParentBottom="true"
            android:layout_marginEnd="165dp"
            android:layout_marginBottom="659dp"
            android:ems="10"
            android:hint="横坐标"
            android:inputType="textPersonName"
            android:textSize="25dp" />
    <EditText
            android:id="@+id/editText2"
            android:layout_width="224dp"
            android:layout_height="64dp"
            android:layout_alignParentEnd="true"
            android:layout_alignParentBottom="true"
            android:layout_marginEnd="169dp"
            android:layout_marginBottom="575dp"
            android:ems="10"
            android:hint="横坐标"
            android:inputType="textPersonName"
            android:textSize="25dp" />
    <view
            android:id="@+id/view"
            class="com.example.ex4_4.MyView"
            android:layout_width="match_parent"
            android:layout_height="554dp"
            android:layout_alignParentBottom="true"
            android:layout_marginBottom="3dp" />
</RelativeLayout>
```

(5) 打开工程项目下的 app\src\main\java\com\example\ex3_1\MainActivity.java 文件，编写代码如下：

```java
public class MainActivity extends ActionBarActivity {
    @Override
    protected void onCreate(Bundle savedInstanceState) {
        super.onCreate(savedInstanceState);
        setContentView(R.layout.activity_main);
    }
}
```

运行程序，结果如图 4-7 所示。这时整个界面除了自己定义的 View 外，还可以添加系统的其他控件。

图 4-7 例 4-4 的程序运行结果

5. 绘制优化

绘制优化是指 View 的 onDraw 方法要避免执行大量的操作，这主要体现在两个方面。

首先，onDraw 中不要创建新的局部对象，这是因为 onDraw 方法可能会被频繁调用，这样就会在一瞬间产生大量的临时对象，这不仅占用了过多的内存，而且还会导致系统调用更加频繁，降低了程序的执行效率。

另一方面，onDraw 方法中不要做耗时的任务，也不能执行成千上万的循环操作。尽管每次循环都很轻量级，但是大量的循环仍然十分抢占 CPU 的时间片，这会造成 View 的绘制过程不流畅。按照 Google 官方给出的性能优化典范中的标准，View 的绘制帧率在 60fps 是最佳的，这就要求每帧的绘制时间不超过 16ms(16ms=1000/60)，虽然程序很难保证 16ms 这个时间，但是尽量降低 onDraw 方法的复杂度总是切实有效的。

4.2.3 自定义控件

我们平时用的 Button、TextView 等都是 Android 系统中自带的控件。但是，如果想要做出绚丽的界面效果，仅仅靠系统提供的控件是远远不够的，这时候就必须通过自定义控件来实现这些绚丽的效果。

自定义控件有两种方式：继承 ViewGroup，如 ViewGroup、LinearLayout、FrameLayout、RelativeLayout 等；继承 View，如 View、TextView、ImageView、Button 等。本书只简单介绍第二种方法，即通过继承 View 类并重写 onDraw 方法来实现自定义控件。

自定义控件要求遵守 Android 标准的规范(命名、可配置、事件处理等)；在 XML 布局中，可配置控件的属性；对交互应当有合适的反馈，比如按下、点击等；具有兼容性，因 Android 版本很多，要有广泛的适用性。

【例 4-5】自定义控件。

(1) 创建一个名称为 Ex4_5 的项目，包名为 com.example.ex4_5。

(2) 在工程项目下的 app\src\main\java\com\example\ex4_5 中新建一个类 MyView，使其

继承 View 类，代码如下：

```java
public class MyView extends View {
    public MyView(Context context, AttributeSet attrs) {
        super(context, attrs);
        // TODO Auto-generated constructor stub
    }
    protected void onDraw(Canvas canvas){ // 重写 onDraw()方法
        canvas.drawColor(Color.CYAN);   //设置背景为青色
        Paint paint = new Paint();        //定义画笔
        paint.setColor(Color.BLACK);
        paint.setAntiAlias(true);
        canvas.drawCircle(60,60,30, paint);
        paint.setColor(Color.WHITE);
        canvas.drawCircle(52,52,5, paint);
    }
}
```

(3) 显示绘制的基本图形。打开工程项目下的 app\src\main\res\layout\activity_main.xml 布局文件，设置布局代码如下：

```xml
<?xml version="1.0" encoding="utf-8"?>
<RelativeLayout
   xmlns:android="http://schemas.android.com/apk/res/android"
   xmlns:app="http://schemas.android.com/apk/res-auto"
   xmlns:tools="http://schemas.android.com/tools"
   android:layout_width="match_parent"
   android:layout_height="match_parent"
   tools:context=".MainActivity">
   <TextView
       android:id="@+id/textView1"
       android:layout_width="wrap_content"
       android:layout_height="wrap_content"
       android:layout_alignParentEnd="true"
       android:layout_alignParentBottom="true"
       android:layout_marginEnd="294dp"
       android:layout_marginBottom="673dp"
       android:text="自定义控件" />
   <view
       android:id="@+id/view"
       class="com.example.ex4_5.MyView"
       android:layout_width="103dp"
       android:layout_height="98dp"
       android:layout_alignParentEnd="true"
       android:layout_alignParentBottom="true"
       android:layout_marginEnd="270dp"
       android:layout_marginBottom="555dp" />
</RelativeLayout>
```

在 Graphical Layout 视图中即可看到效果，如图 4-8 所示。这时整个界面除了自己定义的 View 外，还可以添加系统的其他控件。

图 4-8　例 4-5 的程序运行结果

💡 **注意：**　View 类不能使用 3D 图形。如果要使用 3D 图形，必须继承 SurfaceView 类，而不是 View 类，并且要在一个独立的线程中描画。

4.3　线程与 Handler 消息机制

　　线程在 Android 中是一个很重要的概念。从用途上来说，线程分为主线程和子线程。主线程主要处理与界面相关的事情，而子线程则往往用于执行耗时操作。根据 Android 的特性，如果在主线程中执行耗时操作，那么就会导致程序无法及时响应，因此耗时操作必须在子线程中去执行。

　　在 Android 中实现线程(Thread)的方法与 Java 中一样，有两种：一种是扩展 java.lang.Thread 类；另一种是实现 Runnable 接口。

　　Android 提供了 4 种常用的操作多线程的方式，分别是 Handler+Thread、AsyncTask、ThreadPoolExecutor 和 IntentService。本书只对 Handler+Thread 方式进行简单介绍。

　　Android 主线程包含一个消息队列(MessageQueue)，该消息队列里面可以存入一系列的 Message 或 Runnable 对象。通过一个 Handler，可以向这个消息队列发送 Message 或者 Runnable 对象，并且处理这些对象。每次创建一个 Handler 对象，它会绑定于创建它的线程(也就是 UI 线程)以及该线程的消息队列，从这时起，这个 Handler 就开始把 Message 或 Runnable 对象传递到消息队列中，并在它们出队列的时候执行它们。

　　如图 4-9 所示，Looper 依赖于 MessageQueue 和 Thread，因为每个 Thread 只对应一个 Looper，每个 Looper 只对应一个 MessageQueue。MessageQueue 依赖于 Message，每个 MessageQueue 对应多个 Message。即 Message 被压入 MessageQueue 中，形成一个 Message 集合。Message 依赖于 Handler 进行处理，且每个 Message 最多指定一个 Handler 来处理。Handler 依赖于 MessageQueue、Looper 及 Callback。

　　从运行机制来看，Handler 将 Message 压入 MessageQueue，Looper 不断从 MessageQueue

中取出 Message(当 MessageQueue 为空时，进入休眠状态)，其目的是进行消息处理。

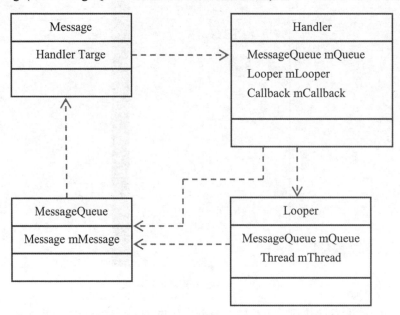

图 4-9 Handler、Message 及 Looper 的关系

4.3.1 Message

在 Android 的多线程中，把需要传递的数据称为消息 Message。Message 是一个描述消息数据结构的 final 类。Message 包含了很多成员变量和方法，常用方法如表 4-8 所示。

表 4-8 Message 的常用方法

方 法	说 明
Message()	创建 Message 消息对象的构造方法
getTarget()	获取将接收此消息的 Handler 对象。此对象必须要实现 Handler.handleMessage()方法
setTarget(Handler target)	设置接收此消息的 Handler 对象
sendToTarget()	向 Handler 对象发送消息
int arg1	用于仅需要存储几个整型数据的消息
int arg2	用于仅需要存储几个整型数据的消息
int what	用户自定义消息标识，避免各线程的消息冲突

4.3.2 Handler

Android.os.Handler 直接继承自 Object，是 Android 中多个线程间消息传递和定时执行任务的"工具"类。一个 Handler 允许发送和处理一个 Message 或者 Runnable 对象，并且会关联到主线程的 MessageQueue 中。每个 Handler 具有一个单独的线程，并且关联到一个消息队列的线程，也就是说，一个 Handler 有一个固有的消息队列。当实例化一个 Handler 的时候，它就承载着一个线程和消息队列的线程，这个 Handler 可以把 Message 或 Runnable

压入到消息队列，并且从消息队列中取出 Message 或 Runnable，进而操作它们。

Handler 如果使用 sendMessage 的方式把消息入队到消息队列中，需要传递一个 Message 对象；而在 Handler 中，需要重写 handleMessage()方法，用于获取工作线程传递过来的消息，此方法运行在 UI 线程上。Handler 类的常用方法如表 4-9 所示。

表 4-9　Handler 类的常用方法

方　　法	说　　明
Handler()	Handler 对象的构造方法
handleMessage(Message msg)	Handler 的子类，必须使用该方法接收消息
sendEmptyMessage(int)	发送一个空的消息
sendMessage(Message)	发送消息，消息中可携带参数
sendMessageAtTime(Message,long)	未来某一时间点发送消息
sendMessageDelayed(Message,long)	延时 n 毫秒发送消息
post(Runnable)	提交计划任务马上执行
postAtTime(Runnable,long)	提交计划在未来的时间点执行
postDelayed(Runnable,long)	提交计划任务延时 n 毫秒执行

一个线程只能有一个 Handler 对象，通过该对象向所在线程发送消息。Handler 除了给别的线程发送消息外，还可以给本线程发送消息。

应用 Handler 对象处理线程发送的消息一般过程如下。

(1) 在线程的 run()方法中发送消息：

```
public void run() {
    Message msg = new Message();
    msg.what = 1; //消息标志
    handler.sendMessage(msg); //由 Handler 对象发送这个消息
}
```

(2) Handler 对象处理消息：

```
private class mHandler extends Handler {
    public void handleMessage(Message msg) {
        switch(msg.what) {
            case 1: …
            case 2: …
        }
    }
}
```

其中，handleMessage(Message msg)的参数 msg 是接收到多线程 run()方法中发送的 Message 对象，msg.what 为消息标志。

【例 4-6】自由下落的小球。

(1) 创建一个名称为 Ex4_6 的项目，包名为 com.example.ex4_6。

(2) 在工程项目下的 app\src\main\java\com\example\ex4_6 中新建一个类 MyView，使其继承 View 类，其代码如下：

```
public class MyView extends View {
    int x,y;
    public MyView(Context context, AttributeSet attrs) {
        super(context, attrs);
    }
    protected void onDraw(Canvas canvas){ // 重写 onDraw()方法
        canvas.drawColor(Color.CYAN);    //设置背景为青色
        Paint paint = new Paint();           //定义画笔
        paint.setColor(Color.BLACK);
        paint.setAntiAlias(true);
        canvas.drawCircle(x,y,20, paint);
        paint.setColor(Color.WHITE);
        canvas.drawCircle(x-6,y-6,3, paint);
    }
    public void setXY(int _x, int _y){
        x=_x;
        y=_y;
    }
}
```

(3) 打开工程项目下的 app\src\main\res\layout\activity_main.xml 布局文件，编写代码如下：

```
<?xml version="1.0" encoding="utf-8"?>
<RelativeLayout
    xmlns:android="http://schemas.android.com/apk/res/android"
    xmlns:app="http://schemas.android.com/apk/res-auto"
    xmlns:tools="http://schemas.android.com/tools"
    android:layout_width="match_parent"
    android:layout_height="match_parent"
    tools:context=".MainActivity">
    <view
        android:id="@+id/view"
        class="com.example.ex4_6.MyView"
        android:layout_width="406dp"
        android:layout_height="726dp"
        android:layout_alignParentEnd="true"
        android:layout_alignParentBottom="true"
        android:layout_marginEnd="0dp"
        android:layout_marginBottom="0dp" />
</RelativeLayout>
```

(4) 打开工程项目下的 app\src\main\java\com\example\ex4_6\MainActivity.java 文件，编写代码如下：

```
public class MainActivity extends AppCompatActivity {
    MyView mydraw;
    MyHandler myhandler;
    MyThread mythread;
    int x=30,y=30,dx=10,dy=10;
```

```
@Override
public void onCreate(Bundle savedInstanceState) {
    super.onCreate(savedInstanceState);
    setContentView(R.layout.activity_main);
    mydraw=findViewById(R.id.view);
    myhandler=new MyHandler();
    mythread=new MyThread();
    mythread.start();
}
class MyHandler extends Handler {
    @Override
    public void handleMessage(@NonNull Message msg) {
        switch (msg.what){
            case 1: y=y+dy;
                    if(y+10+dy>mydraw.getHeight()) {
                        y=0;
                        x=(int)(Math.random()*mydraw.getWidth());
                    }
                    break;

        }
        mydraw.setXY(x,y);
        mydraw.invalidate();
    }
}
class MyThread extends Thread{
    @Override
    public void run() {
        while(true){
            Message msg=new Message();
            msg.what=1;
            myhandler.sendMessage(msg);
            try {
                sleep(100);
            } catch (InterruptedException e) {
                e.printStackTrace();
            }
        }
    }
}
```

运行程序，结果如图 4-10 所示。程序一运行，小球会开始自由地运动。

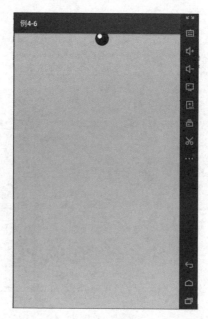

图 4-10　例 4-6 的程序运行结果

4.3.3　线程优化

线程优化的思想是采用线程池，以避免程序中存在大量的 Thread。线程池可以重用内部的线程，从而避免了线程的创建和销毁所带来的性能开销，同时线程池还能有效地控制线程池的最大并发数，避免大量的线程因相互抢占系统资源而导致阻塞现象的发生。因此在实际开发中，我们要尽量采用线程池，而不是每次都要创建一个 Thread 对象。

4.4　手势识别(Android Gesture)

Android SDK 给我们提供了 GestureDetector(手势识别)类，通过这个类，我们可以识别很多的手势：

```
public class GestureDetector extends Object
    android.view.GestureDetector
```

GestureDetector 属于 android.view 包，它对外提供了两个接口：OnGestureListener、OnDoubleTapListener，还有一个内部类 SimpleOnGestureListener。SimpleOnGestureListener 类是 GestureDetector 提供的一个更方便的响应不同手势的类，它实现了上述两个接口，该类是静态类，也就是说它实际上是一个外部类，我们可以在外部继承这个类，重写里面的手势处理方法。因此实现手势识别有两种方法：一种是实现 OnGestureListener 接口，另一种是使用 SimpleOnGestureListener 类。

OnGestureListener 有下面几个动作。

按下(onDown)：手指接触到触摸屏的一刹那。

抛掷(onFling)：手指在触摸屏上迅速移动，并松开的动作。

长按(onLongPress)：手指按住持续一段时间，并且没有松开。

滚动(onScroll)：手指在触摸屏上滑动。

按住(onShowPress)：手指按在触摸屏上，它的时间范围是在按下时生效在长按之前结束。

抬起(onSingleTapUp)：手指离开触摸屏的一刹那。

使用 OnGestureListener 接口，需要重载 OnGestureListener 接口所有的方法，适合监听所有的手势，这样会造成有些手势动作我们用不到，但是还要重载。SimpleOnGestureListener 类的出现为我们解决了这个问题，如果你想"检测到所支持的手势的某个子集"，SimpleOnGestureListener 是最好的选择。

在 Android 应用层上，主要有两个层面的触摸事件监听，一个是 Activity 层，另一个是 View 层，方法主要有三种。

(1) 在 Activity 中重写父类中的 public boolean onTouchEvent(MotionEvent event)方法：

```
public boolean onTouchEvent(MotionEvent event) {
    return super.onTouchEvent(event);
}
```

(2) 重写 View 类 GestDetector.OnGestureListener 接口中定义的 boolean onTouch(View v, MotionEvent event)方法：

```
public boolean onTouch(View v, MotionEvent event) {
    return false;
}
```

(3) 利用 GestureDetector.onTouchEvent(event)在 View.onTouch 方法中接管事件处理：

```
public boolean onTouch(View v, MotionEvent event) {
    return mGestureDetector.onTouchEvent(event);
}
```

当 view 上的事件被分发到 view 上时触发 onTouch 方法的回调，如果这个方法返回 false，表示事件处理失败，该事件就会被传递给相应的 Activity 中的 onTouchEvent 方法来处理。如果该方法返回 true，表示该事件已经被 onTouch 函数处理完，不会上传到 activity 中处理。

【例 4-7】随着手指移动的小球。

(1) 创建一个名称为 Ex4_7 的项目，包名为 com.example.ex4_7。

(2) 在工程项目下的 app\src\main\java\com\example\ex4_7 中新建一个类 MyView，使其继承 View 类，其代码如下：

```
public class MyView extends View {
    public MyView(Context context) {
        super(context);
    }
    int x,y;
    protected void onDraw(Canvas canvas){    // 重写 onDraw()方法
        canvas.drawColor(Color.CYAN);         //设置背景为青色
        Paint paint = new Paint();            //定义画笔
        paint.setColor(Color.BLACK);
            paint.setAntiAlias(true);
```

```
        canvas.drawCircle(x,y,20, paint);
        paint.setColor(Color.WHITE);
        canvas.drawCircle(x-6,y-6,3, paint);
    }
    void getXY(int _x,  int _y) {
        x = _x;
        y = _y;
    }
}
```

(3) 打开工程项目下的 app\src\main\java\com\example\ex4_7\MainActivity.java 文件，编写代码如下：

```
public class MainActivity extends ActionBarActivity {
    int x1=150,y1=50;
    MyView testView;
    @Override
    protected void onCreate(Bundle savedInstanceState) {
        super.onCreate(savedInstanceState);
        testView = new MyView(this);
        testView.setOnTouchListener(new mOnTouch());
        testView.getXY(x1, y1);
        setContentView(testView);
    }
    private class mOnTouch implements OnTouchListener {
        public boolean onTouch(View v, MotionEvent event) {
            if (event.getAction() == MotionEvent.ACTION_MOVE) {
            //在屏幕上滑动(拖动)
                x1 = (int) event.getX();
                y1 = (int) event.getY();
                testView.getXY(x1, y1);
                setContentView(testView);
            }
            if (event.getAction() == MotionEvent.ACTION_DOWN) { //单击
                x1 = (int) event.getX();
                y1 = (int) event.getY();
                testView.getXY(x1, y1);
                setContentView(testView);
            }
            return true;
        }
    }
}
```

运行程序，结果如图 4-11 所示。若在模拟器上，小球会随着鼠标的拖动而移动；若在真机上，小球会随着手指的移动而移动。

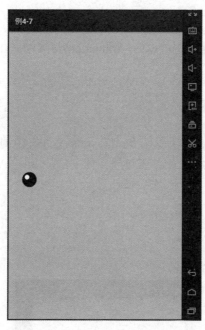

图 4-11　例 4-7 的程序运行结果

动 手 实 践

项目 1　跳舞动画

【项目描述】

利用 Frame 动画实现一个人跳舞，界面布局如图 4-12 所示。

图 4-12　跳舞动画

【项目目标】

熟练掌握 Android 的补间动画(Tween Animation)与帧动画(Frame Animation)的使用。

项目 2 简单图片查看器

【项目描述】

简单图片查看器,如图 4-13 所示。访问 assets 文件夹中的图片文件。在 assets 文件夹下新建 logo 文件夹,保存一组图片。在布局文件中添加 ImageView 控件用于显示图片;再添加两个按钮(Button),单击"上一张"按钮显示上一张图片,单击"下一张"按钮显示下一张图片。

【项目目标】

熟练掌握 assets 中的资源。

图 4-13 简单图片查看器

项目 3 自由运动的小球

【项目描述】

利用线程实现小球的自由运动。界面布局如图 4-14 所示,单击按钮,小球开始自由运动。

【项目目标】

熟练掌握 Android 的绘图功能、线程与 Handler 消息机制。

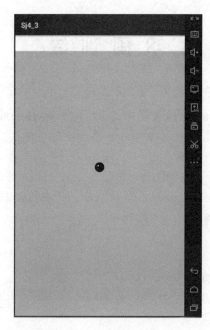

图 4-14　自由运动的小球

项目 4　跟随鼠标移动的欢迎语

【项目描述】

程序运行时，"欢迎光临"跟随鼠标的移动而移动，如图 4-15 所示。

图 4-15　跟随鼠标移动的欢迎语

【项目目标】

熟练掌握 Android 的手势识别(Android Gesture)功能。

巩 固 训 练

一、单选题

1. 若在布局文件中给 Button 设置了 onClick 属性 myButton，则在对应的 Activity 中，下列选项中( )段代码才能正确地给 Button 添加监听事件。

A.
```
public String myButton(View v){
    Toast. makeText(MainActivity. this, "按钮被点击了",Toast.LENGTH
        _SHORT).show();
}
```

B.
```
public void myButton(Activity v){
    Toast.makeText(NainActivity.this, "按钮被点击了",Toast.LENGTH_
        SHORT).show();
}
```

C.
```
 private void myButton(Activity v){
    Toast.makeText(MainActivity.this, "按钮被点击了" ,Toast.LENGTH
        _SHORT).show();
}
```

D.
```
public void myButton(View v){
    Toast.makeText(MainActivity.this, "按钮被点击了", Toast.LENGTH_
        SHORT).show();
}
```

2. Android 的 res/layout/路径下存放的以 xml 作为后缀的文件是( )。

A. 界面布局文件　　B. 源代码文件　　C. 视频文件　　　D. 音频文件

3. 布局中属性 android:layout_ centerInparent 的作用是( )。

A. 相对于父元素完全居中　　　　　B. 是否与父元素的下边沿对齐
C. 是否与父元素的左边沿对齐　　　D. 是否与父元素的右边沿对齐

4. 下列不属于补间动画相关类的是( )。

A. TranslateAnimation　　　　　　B. FrameAnimation
C. RotateAnimation　　　　　　　 D. AlphaAnimation

5. 下列选项中，( )对象可以把多个动画进行组合。

A. TimeInterplator　　　　　　　　B. TypeEvalutors
C. AnimationSet　　　　　　　　　D. Keyframes

6. 以下补间动画的属性中，属于旋转动画拥有的属性是( )。

A. android:fromDegrees 和 android:pivotX

B. android:duration 和 android:interpolator

C. android:toDegrees 和 android:interpolator

D. android:fromDegrees 和 android:repeatMode

7. android:fromXDelta 是(　　)动画使用的属性。

    A. 旋转　　　　　　B. 缩放　　　　　　C. 渐变　　　　　　D. 平移

8. 使用 Canvas 类绘制图片，只需要使用 Canvas 类提供的方法将 Bitmap 对象中保存的图片绘制到(　　)上就可以了。

    A. 位图　　　　　　B. 工具类　　　　　C. 画布　　　　　　D. 画笔

9. 下列选项中，能用来描述绘制图形的颜色、风格的类是(　　)。

    A. Style　　　　　B. Color　　　　　C. Canvas　　　　　D. Paint

10. 在 Paint 类中，setAntiAlias 方法是(　　)。

    A. 设置防抖动　　B. 设置别名　　　C. 设置透明度　　D. 设置抗锯齿

11. 下列选项中，可以用来设置画笔颜色的方法是(　　)。

    A. setStrokeWidth　B. setStyle　　　C. setColor　　　D. getColor

12. 自定义视图时，可以通过重写 View 的(　　)方法绘制图形。

    A. onCreate　　　B. onDraw　　　C. drawRect　　　D. drawOval

13. 如果需要将自定义视图直接运用在布局文件中，那么视图类的构造方法的参数应为(　　)。

    A. Context c　　　　　　　　　　B. AttributeSet as

    C. Context c 和 AttributeSet as　　D. Context c, AttributeSet as 和 LayoutInflater

14. 下列选项中，可以绘制弧形的方法是(　　)。

    A. drawArc　　　B. drawCircle　　C. drawOval　　　D. addArc

15. 在 Canvas 类的对象绘制圆时，需要(　　)个参数。

    A. 6　　　　　　　B. 5　　　　　　C. 4　　　　　　D. 3

16. Canvas 类的 drawRect 方法中，参数的顺序分别是(　　)。

    A. 矩形左上角顶点的横、纵坐标，右下角顶点的横、纵坐标和画笔

    B. 矩形左下角顶点的横、纵坐标，右上角顶点的横、纵坐标和画笔

    C. 矩形左上角顶点的横、纵坐标，左下角顶点的横、纵坐标和画笔

    D. 矩形右上角顶点的横、纵坐标，左下角顶点的横、纵坐标和画笔

17. 在绘制线段时，可以使用(　　)方法指定线段的起点。

    A. lineTo　　　　B. moveTo　　　C. close　　　　D. drawPoint

18. 构造路径对象时，起点用 moveTo 方法定位，过程中路径的绘制用(　　)方法完成。

    A. close　　　　　B. drawPath　　　C. lineTo　　　　D. drawLine

19. Paint 类的 setStyle 方法的参数可选值不包括(　　)。

    A. Paint.Style.FILL　　　　　　B. Paint.Cap

    C. Paint.Style.FILL_AND_STROKE　D. Paint.Style.STROKE

20. 可用来平移画布 Canvas 的方法是(　　)。

    A. translate　　　B. scale　　　　C. rotate　　　　D. restore

21. 如果需要为自定义视图添加事件，则需要重写 View 的(　　)方法。

    A. onDestroy　　　B. onDraw　　　C. onTouchEvent　D. onCancel

22. Hanlder 是线程与 Activity 通信的桥梁，如果线程处理不当，你的机器就会变得很慢，那么线程销毁的方法是(   )。

    A. onDestroy()   B. onClear()   C. onFinish()   D. onStop()

23. 关于 Handler 的说法，不正确的是(   )。

    A. 它是实现不同进程间通信的一种机制

    B. 它避免了在新线程中刷新的 UI 操作

    C. 它采用队列的方式来存储 Message

    D. 它是实现不同线程间通信的一种机制

24. (   )类允许发送和处理 Message 或 RannableRunnable 对象到其所在线程的 MessageQueue 中。

    A. Message   B. Handler   C. Thread   D. Looper

25. 在 Android 中，可以使用 Thread 类的(   )方法，让线程休眠指定的时间。

    A. begin()   B. Thread()   C. start()   D. sleep()

二、多选题

1. 资源文件放在(   )包内。

    A. res   B. src   C. gen   D. assets

2. 开发自定义 View 组件大致分为以下(   )步骤。

    A. 创建一个继承 android.view.View 类的 View 类，并且重写构造方法

    B. 根据需要重写相应方法

    C. 构造事件处理方法

    D. 在项目的活动中，创建并自定义 View 类，并将其添加到布局管理器中

3. Paint 类代表画笔，用来描述图形的(   )。

    A. 大小   B. 形状   C. 颜色   D. 风格

4. 键盘事件包括按下、弹起，触摸事件包括(   )。

    A. 按下   B. 弹起   C. 滑动   D. 双击

5. 下列属于补间动画相关类的是(   )。

    A. TranslateAnimation   B. FrameAnimation

    C. RotateAnimation   D. AlphaAnimation

6. 下面属于 Android 的动画分类的有(   )。

    A. Tween Animation   B. Frame Animation

    C. Draw   D. Animation

7. 在 Android 中提供了(   )种补间动画。

    A. 透明度渐变动画(AlphaAnimation)   B. 旋转动画(RotateAnimation)

    C. 缩放动画(ScaleAnimation)   D. 平移动画(TranslateAnimation)

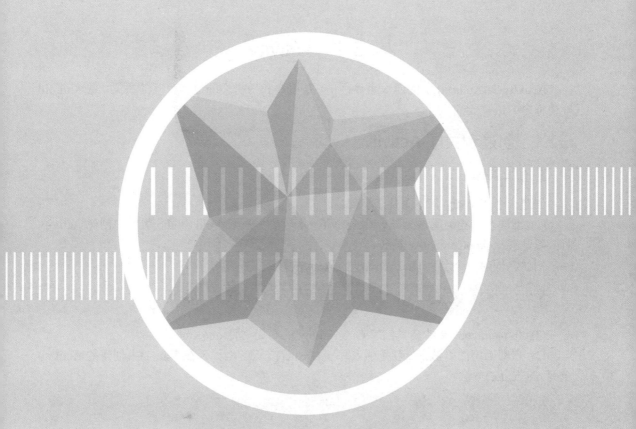

第 5 章

用户界面交互

教学目标

- 掌握 Activity 的概念及创建。
- 掌握 Activity 之间的跳转及数据传递。
- 掌握 Activity 的生命周期。
- 掌握 Fragement 的作用。
- 掌握 Fragement 的创建及用法。
- 掌握在 Activity 中加载 Fragement 的方法。

5.1 Activity

Activity 是 Android 中的四大组件之一，是用户和手机之间进行交互的桥梁，是 Android 应用程序中最重要的组件。

5.1.1 创建和关闭 Activity

1. 创建 Activity

创建一个 Activity 有下面几个步骤。

(1) 创建一个类继承 Activity 或 Activity 的子类，在 Android Studio 版本中创建 Activity 时一般是继承 AppCompatActivity。

例如，创建一个名为 OneActivity 的 Activity 类：

```
public class OneActivity extends AppCompatActivity {
}
```

(2) 在 res/layout 文件夹下创建 OneActivity 的布局文件 one.xml。

(3) 重写回调的方法，一般必须重写 onCreate()方法，例如为在步骤(1)中创建的 Activity 重写 onCreate()方法：

```
public class OneActivity  extends Activity {
    @Override
    protected void onCreate(@Nullable Bundle savedInstanceState) {
        super.onCreate(savedInstanceState);
    }}
```

(4) 在 onCreate()方法中调用 setContentView()方法加载布局文件，代码如下：

```
public class OneActivity  extends Activity {
    @Override protected void onCreate(Bundle savedInstanceState) {
        super.onCreate(savedInstanceState);
        setContentView(R.layou.one);
    }
}
```

(5) 在 AndroidManifest.xml 文件中声明该 Activity。每个 Activity 必须注册，否则无法使用。具体注册方法是在<application></application>标记中添加<activity></activity>标记实现。<activity></activity>标记的语法如下：

```
<activity
    Android:icon="@drawable/图标文件的名称"
    Android:name="Activity 的名称"
    Android:label="说明性文字"
    ...
></activity>
```

在<activity> </activity>标记中，android:icon 属性用于设置 Activity 的图标；android:name 用于设置要注册的 Activity 的名称；android:label 属性用于为该 Activity 指定标签，其中

android:name 属性是必需的，其他的属性可以省略。例如在 AndroidManifest.xml 文件中配置名称为 OneActivity 的 Activity，该 Activity 保存在 com.example 包中，关键代码如下：

```
<activity
    Android:name="com.example.OneActivity">
</activity>
```

创建 Activity 还有一种方法，右击工程的包名，在弹出的快捷菜单中选择 New→Activity →Empty Activity 命令，如图 5-1 所示，弹出 New Android Activity 对话框，如图 5-2 所示，设置好 Activity 的名称和布局文件的名称，单击 Finish 按钮即可创建一个空白的 Activity。

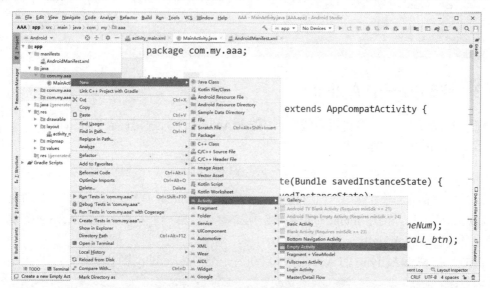

图 5-1　选择 Empty Activity 命令

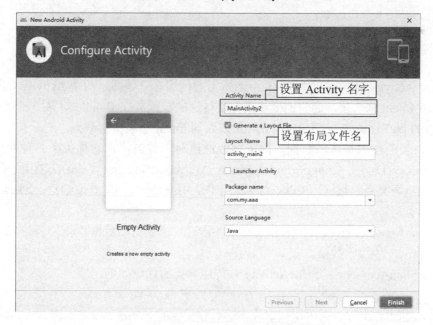

图 5-2　New Android Activity 对话框

2. 关闭 Activity

如果要关闭 Activity，只需调用 Activity 类提供的 finish()方法。

finish()方法的格式如下：

```
public void finish();
```

例如要单击按钮关闭当前的 Activity，使用如下方法：

```
Button b1 = (Button)findViewByID(R.id.button1);
b1.setOnClickListener(new View.OnClickListener(){
public void onClick(View v)
{
  finish();
}});
```

5.1.2 启动另一个 Activity

在一个 Activity 中可以使用系统提供的 startActivity()方法打开新的 Activity。

startActivity()方法的格式如下：

```
public void startActivity(Intent intent);
```

该方法没有返回值，要求一个 Intent 类型的参数。Intent 是在 Android 各个组件之间进行跳转的通信工具。创建 Intent 时需要给定两个参数，第一个参数为当前 Activity，第二个参数为要被启动的 Activity。

例如，在 MainActivity 的 Activity 中启动另一个 OneActivity 的代码如下：

```
//创建一个 Intent 对象
Intent  intent = new Intent(MainActivity.this, OneActivity.class);
startActivity(intent);
```

5.1.3 两个 Activity 之间传递数据

从一个 Activity 启动另一个 Activity 通常需要传递一下数据。两个 Activity 之间传递数据可以使用 Intent 来实现。通常的做法是把要传递的数据放在 Bundle 对象中，然后再通过 Intent 提供的 putExtras()方法把 Bundle 对象放入到 Intent 中来传递数据。

Bundle 类的作用是携带数据，用于存放键值对形式的值。它提供了各种常用类型的 putXxx()/getXxx()方法，如 putString()/getString()和 putInt()/getInt()。putXxx()用于往 Bundle 对象中放入不同类型的数据，getXxx()方法用于从 Bundle 对象里获取数据，Xxx 表示要放入的数据的类型。

例如，从 MainActivity 启动 OneActivity 并传递一个字符型数据"张三"和一个数字 10，并在 OneActivity 中接收数据。

(1) 从 MainActivity 启动 OneActivity 并传递数据的代码如下：

```
//创建一个 intent 对象
Intent  intent = new Intent(MainActivity.this, OneActivity);
//创建 Bundle 对象
Bundle bundle = new Bundle();//该类用于携带数据
```

```
//调用 Bundle 对象的 putString 方法把字符串"张三"放入,输入名为 name
bundle.putString("name", "张三");
//调用 Bundle 对象的 putInt 方法把数字 10 放入,键名为 age
bundle.putInt("age", 10);
intent.putExtras(bundle);//附带上额外的数据
startActivity(intent);
```

(2) 在 OneActivity 中接收数据的代码如下:

```
//获取 Bundle 对象
Bundle bundle = this.getIntent().getExtras();
//获取 Bundle 对象中键名为 name 的数据
String name = bundle.getString("name");
//获取 Bundle 对象中键名为 age 的数据
int age = bundle.getInt("age");
```

【例 5-1】编写一个个人调查程序,包含两个 Activity,分别为 MainActivity 和 TwoActivity,在 MainActivity 中输入完基本信息,单击"提交"按钮,跳转到 TwoActivity,在 TwoActivity 中显示注册信息,单击 TwoActivity 中的"返回"按钮返回第一个 Activity。

(1) 新建一个项目 Ex05_01,包名为 Ex.my.Ex05_01,修改 res\layout 下的布局文件 activity_main.xml,其代码如下:

```xml
<?xml version="1.0" encoding="utf-8"?>
<androidx.constraintlayout.widget.ConstraintLayout
    xmlns:android="http://schemas.android.com/apk/res/android"
    xmlns:app="http://schemas.android.com/apk/res-auto"
    xmlns:tools="http://schemas.android.com/tools"
    android:layout_width="match_parent"
    android:layout_height="match_parent"
    tools:context=".MainActivity">
    <TextView
        android:id="@+id/textView"
        android:layout_width="match_parent"
        android:layout_height="40dp"
        android:background="#ff99cc"
        android:gravity="center"
        android:text="请输入基本信息"
        android:textSize="20sp"
        app:layout_constraintStart_toStartOf="parent"
        app:layout_constraintTop_toTopOf="parent" />
    <TextView
        android:id="@+id/textView1"
        android:layout_width="wrap_content"
        android:layout_height="wrap_content"
        android:layout_marginStart="40dp"
        android:layout_marginLeft="40dp"
        android:layout_marginTop="28dp"
        android:text="姓名"
        android:textSize="20sp"
        app:layout_constraintStart_toStartOf="parent"
        app:layout_constraintTop_toBottomOf="@+id/textView" />
```

```
<TextView
    android:id="@+id/textView2"
    android:layout_width="wrap_content"
    android:layout_height="wrap_content"
    android:layout_marginTop="32dp"
    android:text="年龄"
    android:textSize="20sp"
    app:layout_constraintStart_toStartOf="@+id/textView1"
    app:layout_constraintTop_toBottomOf="@+id/textView1" />
<EditText
    android:id="@+id/name"
    android:layout_width="wrap_content"
    android:layout_height="wrap_content"
    android:layout_marginStart="30dp"
    android:layout_marginLeft="30dp"
    android:ems="10"
    android:inputType="textPersonName"
    android:text=""
    app:layout_constraintBottom_toBottomOf="@+id/textView1"
    app:layout_constraintStart_toEndOf="@+id/textView1"
    app:layout_constraintTop_toTopOf="@+id/textView1" />
<EditText
    android:id="@+id/age"
    android:layout_width="wrap_content"
    android:layout_height="wrap_content"
    android:ems="10"
    android:inputType="textPersonName"
    android:text=""
    app:layout_constraintBottom_toBottomOf="@+id/textView2"
    app:layout_constraintStart_toStartOf="@+id/name"
    app:layout_constraintTop_toTopOf="@+id/textView2" />
<TextView
    android:id="@+id/textView3"
    android:layout_width="wrap_content"
    android:layout_height="wrap_content"
    android:layout_marginTop="28dp"
    android:text="性别"
    android:textSize="20sp"
    app:layout_constraintStart_toStartOf="@+id/textView2"
    app:layout_constraintTop_toBottomOf="@+id/textView2" />
<RadioGroup
    android:layout_width="wrap_content"
    android:layout_height="wrap_content"
    android:layout_marginLeft="30dp"
    android:orientation="horizontal"
    app:layout_constraintBottom_toBottomOf="@+id/textView3"
    app:layout_constraintLeft_toRightOf="@+id/textView3"
    app:layout_constraintTop_toTopOf="@+id/textView3">
    <RadioButton
        android:id="@+id/radioButton1"
        android:layout_width="match_parent"
```

```
            android:layout_height="wrap_content"
            android:text="男" />
        <RadioButton
            android:id="@+id/radioButton2"
            android:layout_width="match_parent"
            android:layout_height="wrap_content"
            android:text="女" />
    </RadioGroup>
    <Button
        android:id="@+id/button"
        android:layout_width="wrap_content"
        android:layout_height="wrap_content"
        android:layout_marginTop="40dp"
        android:layout_marginLeft="40dp"
        android:text="提交"
        app:layout_constraintStart_toEndOf="@+id/textView3"
        app:layout_constraintTop_toBottomOf="@+id/textView3" />
</androidx.constraintlayout.widget.ConstraintLayout>
```

(2) 编写 MainActivity 的代码，具体代码如下：

```java
package com.my.ex05_01;
import androidx.appcompat.app.AppCompatActivity;
import android.content.Intent;
import android.os.Bundle;
import android.view.View;
import android.widget.Button;
import android.widget.EditText;
import android.widget.RadioButton;
public class MainActivity extends AppCompatActivity {
 Button btn;
 EditText e1,e2;
 RadioButton rb1,rb2;
 @Override
 protected void onCreate(Bundle savedInstanceState) {
    super.onCreate(savedInstanceState);
    setContentView(R.layout.activity_main);
    //获取对象
    btn=(Button) findViewById(R.id.button);
    e1=(EditText) findViewById(R.id.name);
    e2=(EditText) findViewById(R.id.age);
    rb1=(RadioButton) findViewById(R.id.radioButton1);
    rb2=(RadioButton) findViewById(R.id.radioButton2);
    btn.setOnClickListener(new View.OnClickListener() {
       @Override
       public void onClick(View v) {
          //获取输入的用户名
          String name = e1.getText().toString().trim();
          //获取输入的年龄
          int age = Integer.parseInt(e2.getText().toString().trim());

          //获取性别
```

```
        String sex="";
        if(rb1.isChecked())  sex="男";
            else   sex="女";
        Intent intent=new Intent(MainActivity.this,TwoActivity.class);
        Bundle  bundle=new Bundle();
        bundle.putString("name", name);//把姓名放入 bundle 对象，键名为 name
        bundle.putInt("age", age);//把年龄放入 bundle 对象，键名为 age
        bundle.putString("sex", sex);//把性别放入 bundle 对象，键名为 sex
        intent.putExtras(bundle);      //将 bundle 对象添加到 intent
        startActivity(intent);//启动 TwoActivity
        }
    });
    }
}
```

(3) 在 res\layout 目录下，创建布局文件 two.xml，采用相对布局。添加 3 个 TextView 和 1 个 Button，two.xml 的代码如下：

```
<androidx.constraintlayout.widget.ConstraintLayout
    xmlns:android="http://schemas.android.com/apk/res/android"
    xmlns:app="http://schemas.android.com/apk/res-auto"
    xmlns:tools="http://schemas.android.com/tools"
    android:layout_width="match_parent"
    android:layout_height="match_parent"
    tools:context=".MainActivity">
    <TextView
        android:id="@+id/textView1"
        android:layout_width="wrap_content"
        android:layout_height="wrap_content"
        android:layout_marginStart="40dp"
        android:layout_marginLeft="40dp"
        android:layout_marginTop="28dp"
        android:text="姓名"
        android:textSize="20sp"
        app:layout_constraintStart_toStartOf="parent"
        app:layout_constraintTop_toTopOf="parent" />
    <TextView
        android:id="@+id/textView2"
        android:layout_width="wrap_content"
        android:layout_height="wrap_content"
        android:layout_marginTop="32dp"
        android:text="年龄"
        android:textSize="20sp"
        app:layout_constraintStart_toStartOf="@+id/textView1"
        app:layout_constraintTop_toBottomOf="@+id/textView1" />
    <TextView
        android:id="@+id/textView3"
        android:layout_width="wrap_content"
        android:layout_height="wrap_content"
        android:layout_marginTop="28dp"
        android:text="性别"
        android:textSize="20sp"
```

```
        app:layout_constraintStart_toStartOf="@+id/textView2"
        app:layout_constraintTop_toBottomOf="@+id/textView2" />
    <Button
        android:id="@+id/button"
        android:layout_width="wrap_content"
        android:layout_height="wrap_content"
        android:layout_marginStart="39dp"
        android:layout_marginLeft="39dp"
        android:layout_marginTop="49dp"
        android:text="返回"
        app:layout_constraintStart_toStartOf="@+id/textView3"
        app:layout_constraintTop_toBottomOf="@+id/textView3" />
</androidx.constraintlayout.widget.ConstraintLayout>
```

(4) 在 com.my.Ex05_01 包中创建一个继承 Activity 的类 TwoActivity，编写代码如下：

```
package com.my.ex05_01;
import android.os.Bundle;
import android.view.View;
import android.widget.Button;
import android.widget.TextView;
import androidx.annotation.Nullable;
import androidx.appcompat.app.AppCompatActivity;
public class TwoActivity  extends AppCompatActivity {
    TextView tv1,tv2,tv3;
    Button btn;
    @Override
    protected void onCreate(@Nullable Bundle savedInstanceState) {
        super.onCreate(savedInstanceState);
        setContentView(R.layout.two);
        Bundle  bundle=new Bundle();//创建 Bundle 对象
        bundle=this.getIntent().getExtras();//获取 Bundle 对象
        String name=bundle.getString("name");
        String sex=bundle.getString("sex");
        int age=bundle.getInt("age");
        //获取对象
        btn=(Button) findViewById(R.id.button);
        tv1=(TextView) findViewById(R.id.textView1);
        tv2=(TextView) findViewById(R.id.textView2);
        tv3=(TextView) findViewById(R.id.textView3);
        tv1.setText("姓名为: "+name);
        tv2.setText("年龄为: "+age);
        tv3.setText("性别为:"+sex);
        btn.setOnClickListener(new View.OnClickListener() {
            public void onClick(View v) {
                finish();
            }});
    }
}
```

(5) 在 AndroidManifest.xml 文件中配置 TwoActivity，具体代码如下：

```
<activity android:name=".TwoActivity"/>
```

(6) 运行程序，将显示一个调查用户信息页面，输入姓名、年龄、性别，效果如图 5-3 所示，单击"提交"按钮，显示用户注册信息，如图 5-4 所示。单击"返回"按钮，返回到 MainActivity 界面。

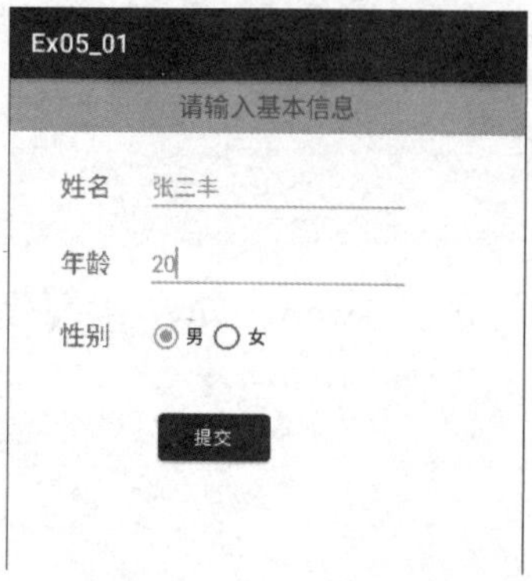

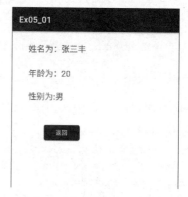

图 5-3　MainActivity 的效果　　　　　图 5-4　TwoActivity 的效果

5.1.4　Activity 的生命周期

Activity 翻译成中文是"活动"的意思，它是一个 Android 应用程序的窗口或界面，是用户与 Android 设备交互的桥梁。一个应用程序的一个界面就是一个 Activity，所有 Android 程序中每个界面的组件都是放在 Activity 中的。

Activity 的生命周期是指 Activity 从产生到消亡的过程。Activity 的生命周期是通过下面 7 个生命周期方法来实现的。

(1) onCreate()：当 Activity 第一次打开时调用。

(2) onStart()：当一个 Activity 可以被用户看到时调用。

(3) onReStart()：当重新启用 Activity 时调用，即当一个 Activity 从暂停状态重新回到活动状态时调用。

(4) onResume()：当 Activity 获得焦点时调用。

(5) onPause()：当暂停一个 Activity 时调用，例一个 Activity 启动了另一个 Activity 时调用这个方法。

(6) onStop()：停止 Activity 时被调用。

(7) onDeStroy()：当销毁 Activity 时调用该方法。

图 5-5 详细给出了 Activity 整个生命周期的过程，以及在不同的状态期间相应的回调方法。

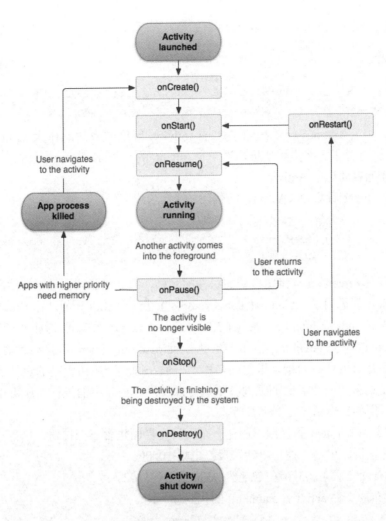

图 5-5 Activity 的生命周期

5.1.5 Intent

Intent 中文含义是意图，一个 Android 程序包含多个组件，各个组件之间进行通信时要使用 Intent 对象来完成。在 Android 中 Intent 通常用于启动 Activity、启动服务等组件。

Android 中 Intent 分为显式 Intent 和隐式 Intent。

显式 Intent 明确指定了要启动的组件的名称。

显式 Intent 示例代码如下：

```
Intent intent = new Intent(MainActivity.this, OneActivity.class);
startActivity(intent);
```

上述代码中创建 Intent 对象时给了两个参数,其中第二个参数明确指定了要启动的组件为 OneActivity 这个组件，所以这个 Intent 叫显式 Intent。

没有明确指定要启动的组件名称的 Intent 叫隐式 Intent。Android 系统会根据隐式意图中设置的动作(action)、类别(category)、数据(Uri 数据类型)找到合适的组件。下面是一个 Activity 的声明：

```
<activity android:name="OneActivity">
<Intent-filter>
<!--设置 Activity 的 Action 属性, 在代码中使用隐设置的 Action 来启动 Activity>
<action  android:name="com.example">
<category android:name="android.intent.category.DEFAULT">
</intent-filter>
```

上述代码中,<action>标签指明了 OneActivity 可以响应的动作为 com.example, 而 <category>标记包含了一些类别信息, 当一个 Intent 的<action>和<category>与 OneActivity 完全匹配时才能启动这个 Activity。

使用隐式 Intent 启动 OneActivity 的代码如下:

```
Intent intent = new Intent();
intent.setAction("com.example");//设置 Intent 的 action 为 com.example
startActivity(intent);
```

上述代码中, Intent 没有指定启动的组件的名称, 因此叫隐式启动。虽然没有指定要启动哪个 Activity, 但调用了 setAction("com.example"), 指定了 Intent 的动作。Intent 的 category 被设置为默认值 android.intent.category.DEFAULT。Android 系统通过判断发现 OneActivity 的 action 和 category 与 intent 的完全相同, 执行 startActivity(intent)时自动启动 OneActivity。

显式意图开启组件必须指定组件的名称, 一般在同一个应用程序的组件切换中使用。隐式意图比显式意图的功能更加强大, 不但可以开启本程序中的组件, 还可以开启其他应用程序组件。例如打电话、打开网页等。

【例 5-2】隐式 Intent 的使用。创建一个项目, 界面包含三个按钮, 单击"打开百度"按钮打开百度主页。单击"拨打电话"拨打电话 10000。

(1) 创建一个工程 Ex05_02, 包名为 com.my.Ex05_02。

(2) 修改布局文件 activity_main.xml 的代码如下:

```
<?xml version="1.0" encoding="utf-8"?>
<androidx.constraintlayout.widget.ConstraintLayout
    xmlns:android="http://schemas.android.com/apk/res/android"
    xmlns:app="http://schemas.android.com/apk/res-auto"
    xmlns:tools="http://schemas.android.com/tools"
    android:layout_width="match_parent"
    android:layout_height="match_parent"
    tools:context=".MainActivity">
    <Button
        android:id="@+id/button1"
        android:layout_width="wrap_content"
        android:layout_height="wrap_content"
        android:layout_marginStart="129dp"
        android:layout_marginLeft="129dp"
        android:layout_marginTop="112dp"
        android:text="打开百度"
        android:textSize="20sp"
        app:layout_constraintStart_toStartOf="parent"
```

```
                    app:layout_constraintTop_toTopOf="parent" />
</androidx.constraintlayout.widget.ConstraintLayout>
```

(3) 修改 MainActivity.java 代码如下：

```
package com.my.ex05_02;
import androidx.appcompat.app.AppCompatActivity;
import android.content.Intent;
import android.net.Uri;
import android.os.Bundle;
import android.view.View;
import android.widget.Button;
import android.widget.Toast;
public class MainActivity extends AppCompatActivity {
//定义控件
    Button btn;
    @Override
    protected void onCreate(Bundle savedInstanceState) {
        super.onCreate(savedInstanceState);
        setContentView(R.layout.activity_main);
        //获取控件
        Btn = findViewById(R.id.button1);
        btn.setOnClickListener(new View.OnClickListener() {
            @Override
            public void onClick(View v) {
                //创建 Intent 对象
                Intent intent1 = new Intent();
                /*设置 Intent 执行动作为 Intent.ACTION_VIEW
                 *Intent.ACTION_VIEW:根据用户的数据类型打开相应的 Activity
                 * */
                intent1.setAction(Intent.ACTION_VIEW);
                //把百度的网址解析为 Uri 数据
                Uri uri1 = Uri.parse("http://www.baidu.com");
                //设置 intent 操作的数据
                intent1.setData(uri1);
                //启动组件
                startActivity(intent1);
            }
        });
    }
}
```

上述代码指定了 Intent 的 action 为 intent.Action_VIEW，指定数据为一个网址，Android 系统会根据 action 的值和数据自动启动浏览器组件。

(4) 运行程序，结果如图 5-6 所示，当单击"打开百度"按钮时，打开百度网站，如图 5-7 所示。

图 5-6　例 5-2 的程序运行结果

图 5-7　打开百度效果

5.2　Fragment

5.2.1　Fragment 概述

Fragment 是 Android 3.0 开始使用的一种 UI 技术，从 Android 4.x 以后可以同时使用在平板电脑和手机上。Fragment 的出现就是为了解决局部布局的问题，我们可以把它看成一个小型的 Activity，又称 Activity 片段。如果一个大屏幕的设备，我们只写一个布局，界面的设计和管理将非常麻烦，使用 Fragment 可以把屏幕分成几块，然后进行分组，实现模块化管理，从而可以更加方便地在运行过程中动态更新 Activity 的用户界面。Fragment 具有以下特点。

(1) 它具备生命周期。

(2) 必须依附于 Activity 才能运行，不能单独运行。可以在运行中动态地移除、加入、交换等。

(3) 能解决 Activity 间的切换不流畅，实现轻量切换。

(4) Fragment 可以作为 Activity 界面组成的一部分。

(5) 可以在一个 Activity 中出现多个 Fragment，一个 Fragment 也可以出现在多个 Activity 中。

5.2.2　Fragment 的创建

Fragment 的创建步骤如下。

(1) 创建一个类继承 Fragment 类或继承 Fragment 的子类。

(2) 为第(1)步中的 Fragment 创建布局文件。

（3）重写 onCreateView()方法，在 onCreateView 方法中解析布局文件并返回布局文件的 View。

onCreateView()方法：在第一次为 Fragment 绘制它的 UI 时，系统会自动调用此方法。为了绘制 Fragment 的 UI，此方法必须返回一个 View，如果 Fragment 不显示 UI，则返回 NULL 即可。例如创建一个名称为 Fragment1 的 Fragment，其对应的布局文件为 fragment1.xml 的代码如下：

```java
public class Frag1  extends Fragment {
 @Nullable
 @Override
 public View onCreateView(@NonNull LayoutInflater inflater, @Nullable
    ViewGroup container, @Nullable Bundle savedInstanceState) {
    View view = inflater.inflate(R.layout.fragment1,container,false);
    return view;
 }
}
```

说明：创建 Fragment 的第二种方法如下。

（1）在工程包名上右击，在弹出的快捷菜单中选择 New→Fragment→Fragment(Blank)命令，如图 5-8 所示。

（2）弹出 New Android Component 对话框，如图 5-9 所示。

（3）Fragment Name 用来设置 Fragment 的名称，Fragment Layout Name 用于设置布局文件的名称。单击 Finish 按钮，便会创建一个空白的 Fragment。

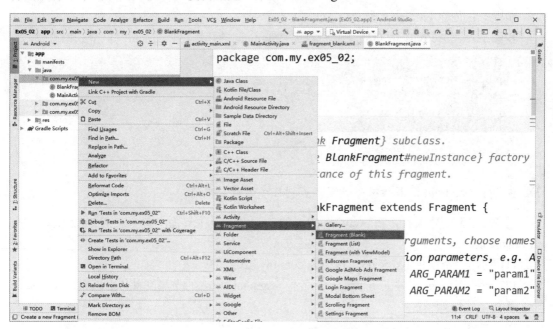

图 5-8　选择 Fragment(Blank)命令

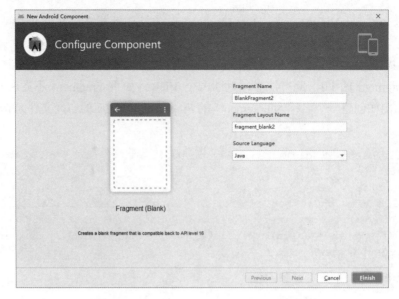

图 5-9　New Android Component 对话框

5.2.3　在 Activity 中添加 Fragment

在 Activity 中添加 Fragment 有两种方法，分别是静态添加和动态加载。

1. 静态添加 Fragment

步骤一：创建 Fragment 类。

步骤二：在 Activity 的布局文件中添加<fragment>标记。<fragment>标记格式如下：

```
<fragment
android:name="Fragment 类名"
android:id="@+id/id"
android:layout_width=""
android:layout_height=""
...
/>
```

📑 **说明：**　android:id 属性必须设置，否则程序运行会报错。

【例 5-3】创建项目，在 Activity 中添加 Fragment。主界面上包含一个 TextView 和一个 Fragment。

(1) 创建一个项目 Ex05_03，包名为 com.my.ex05_03。

(2) 在 res\layout 文件夹下创建一个名为 fragment1.xml 的布局文件，给该布局文件添加一个按钮。代码如下：

```
<?xml version="1.0" encoding="utf-8"?>
<androidx.constraintlayout.widget.ConstraintLayout
    xmlns:android="http://schemas.android.com/apk/res/android"
    xmlns:app="http://schemas.android.com/apk/res-auto"
    xmlns:tools="http://schemas.android.com/tools"
```

```
    android:layout_width="match_parent"
    android:layout_height="match_parent"
    android:background="#faebd7"
    >
    <Button
        android:id="@+id/button"
        android:layout_width="wrap_content"
        android:layout_height="wrap_content"
        android:text="单击"
        android:textSize="20sp"
        app:layout_constraintStart_toStartOf="parent"
        app:layout_constraintEnd_toEndOf="parent"
        app:layout_constraintTop_toTopOf="parent"
        app:layout_constraintBottom_toBottomOf="parent"/>
</androidx.constraintlayout.widget.ConstraintLayout>
```

(3) 在 app/java/main/com.my.ex05_03 包下创建一个名为 Fragment1 的类，并重写 onCreateView 方法。获取布局上的命令按钮，给命令按钮添加事件监听器，代码如下：

```
package com.my.ex05_03;
import android.os.Bundle;
import android.view.LayoutInflater;
import android.view.View;
import android.view.ViewGroup;
import android.widget.Button;
import androidx.annotation.NonNull;
import androidx.annotation.Nullable;
import androidx.fragment.app.Fragment;
public class Fragment1 extends Fragment {
    //定义控件
    Button btn;
    View view;
    @Nullable
    @Override
    public View onCreateView(@NonNull LayoutInflater inflater, @Nullable
        ViewGroup container, @Nullable Bundle savedInstanceState) {
        if(view==null)
            view=inflater.inflate(R.layout.fragment1,container,false);
        btn=view.findViewById(R.id.button);
        btn.setOnClickListener(new View.OnClickListener() {
            @Override
            public void onClick(View v) {
                btn.setText("按钮已经被点击了");
            }
        });
        return view;
    }
}
```

(4) 在主界面上添加一个 TextView 控件和一个 Fragment 类 Fragment1，activity_main.xml 代码如下：

```xml
<?xml version="1.0" encoding="utf-8"?>
<androidx.constraintlayout.widget.ConstraintLayout
    xmlns:android="http://schemas.android.com/apk/res/android"
    xmlns:app="http://schemas.android.com/apk/res-auto"
    xmlns:tools="http://schemas.android.com/tools"
    android:layout_width="match_parent"
    android:layout_height="match_parent"
    tools:context="com.my.ex05_03.MainActivity">
    <TextView
        android:id="@+id/textview"
        android:layout_width="match_parent"
        android:layout_height="150dp"
        android:background="#dedede"
        android:textColor="#000000"
        android:textSize="20sp"
        android:text="本案例的界面包含两个控件,上面是TextView,下面是Fragment"
        app:layout_constraintTop_toTopOf="parent"
        app:layout_constraintLeft_toLeftOf="parent"
        />
    <!--fragment 中:
    android:id 属性必须设置;
    android:name 属性用来指定 Fragment 类名   -->
    <fragment
        android:id="@+id/fragment1"
        android:name="com.my.ex05_03.Fragment1"
        android:layout_width="match_parent"
        android:layout_height="0dp"
        app:layout_constraintTop_toBottomOf="@+id/textview"
        app:layout_constraintStart_toStartOf="parent"
        app:layout_constraintBottom_toBottomOf="parent" />
</androidx.constraintlayout.widget.ConstraintLayout>
```

(5) 运行程序,结果如图 5-10 所示,当单击 Fragment 上的按钮后,按钮上的文字发生变化,如图 5-11 所示。

图 5-10 例 5-3 的程序运行结果

图 5-11 单击按钮后的效果

2. 动态加载 Fragment

动态加载时，第一、二步同静态加载的第一、二步，然后执行下列步骤。

(1) 调用 getFragmentManager()方法获取一个 FragmentManager 对象。

(2) 调用 FragmentManager 对象的 beginTransaction()方法获取一个 beginTransaction 对象。

(3) 调用 beginTransaction 对象的 add 方法添加 Fragment 对象，add 方法格式如下：

```
add(int ConvertViewID,Fragment fragment);
```

第一个参数为要加载 Fragment 的 UI 控件的 ID，第二个参数为要加载的 Fragment 对象名。

(4) 调用 beginTransaction 对象的 commit 方法提交。

例如，在 Activity 中动态添加一个 Fragment 对象 fm 到 id 为 R.id.frag 控件中，代码如下：

```
FragmentManager fm = getFragmentMamager();//获取 FragmentManager 对象
FragmentTransaction bt = fm.beginTransaction(); //获取一个 FragmentTransaction 对象
bt.add(R.id.frag,fm);//添加 Fragment 对象 fm 到 id 为 R.id.frag 的对象
```

3. Fragment 的其他操作

Fragment 对象除了添加操作之外，还有替换及删除操作。Fragment 的这些操作都是通过调用 BeginTransaction 对象的方法来完成。BeginTransaction 对象通过调用 FragmentManager 对象的 beginTransaction()方法获取。

(1) Fragment 的替换：Fragment 的替换要调用 BeginTransaction 对象的 replace 方法，格式如下：

```
BeginTransaction 对象.replace(int ConvertViewID,Fragment fragment);
```

参数说明：第一个参数为加载 Fragment 的 UI 控件的 ID，第二个参数为替换后的 Fragment 对象。

(2) Fragment 的删除：Fragment 的删除要调用 BeginTransaction 对象的 remove 方法，格式如下：

```
BeginTransaction 对象.remove(Fragment fragment);
```

最后需要说明的是，调用 add()、replace()、remove()后，都要调用 commit()提交事务。

【例 5-4】创建一个项目，模拟京东界面上的切换功能。单击屏幕下面的图标，进入到相应的界面，如图 5-12 所示。

(1) 创建一个名称为 Ex05_04 的工程，包名为 com.my.Ex05_04。

(2) 把所有用到的图片文件复制到 res/drawable 文件夹下。

(3) 在 res/layout 中创建一个名称为 fragment_shouye.xml 的布局文件，在布局上放置一个 ImageView 控件，设置 ImageView 控件显示首页对应的图片。其代码如下：

```
<?xml version="1.0" encoding="utf-8"?>
<androidx.constraintlayout.widget.ConstraintLayout
    xmlns:android="http://schemas.android.com/apk/res/android"
    xmlns:app="http://schemas.android.com/apk/res-auto"
    xmlns:tools="http://schemas.android.com/tools"
    android:layout_width="match_parent"
```

```
    android:layout_height="match_parent">
    <ImageView
        android:id="@+id/imageView"
        android:layout_width="wrap_content"
        android:layout_height="wrap_content"
        android:src="@drawable/sy"
        android:scaleType="fitXY"
        app:layout_constraintStart_toStartOf="parent"
        app:layout_constraintTop_toTopOf="parent" />
</androidx.constraintlayout.widget.ConstraintLayout>
```

图 5-12   京东主页

(4) 在 app/main 包下创建一个类，名称为 FragmentShouye.java，让这个类继承 Fragment，并重写 onCreateView 方法，且为其添加布局文件，其代码如下：

```
package com.my.ex05_04;
import android.os.Bundle;
import androidx.fragment.app.Fragment;
import android.view.LayoutInflater;
import android.view.View;
import android.view.ViewGroup;
public class FragmentShouye extends Fragment {
    public View onCreateView(LayoutInflater inflater, ViewGroup container,
                         Bundle savedInstanceState) {
        View view=inflater.inflate(R.layout.fragment_shouye, container, false);
        return view;
    }
}
```

说明：

按照步骤(3)和步骤(4)的方法，创建 4 个 Fragment 类和 4 个对应的布局文件，分别对应 "新品" "发现" "购物车" 和 "我" 4 个界面。

(5) 打开主布局文件 activity_main.xml，在其上面添加一个<fragment>标记和水平的 <LinearLayout>，在<LinearLayout>中添加 5 个 Imagebutton，分别显示"首页""新品"等 5 个图标，<fragment>标记用来显示对应的 Fragment，activity_main.xm 代码如下：

```xml
<?xml version="1.0" encoding="utf-8"?>
<androidx.constraintlayout.widget.ConstraintLayout
    xmlns:android="http://schemas.android.com/apk/res/android"
    xmlns:app="http://schemas.android.com/apk/res-auto"
    xmlns:tools="http://schemas.android.com/tools"
    android:layout_width="match_parent"
    android:layout_height="match_parent"
    tools:context=".MainActivity">
    <fragment
        android:layout_width="match_parent"
        android:layout_height="0dp"
        android:id="@+id/frag1"
        android:name="com.my.ex05_04.FragmentShouye"
        app:layout_constraintLeft_toLeftOf="parent"
        app:layout_constraintTop_toTopOf="parent"
        app:layout_constraintBottom_toTopOf="@+id/linearLayout"
        >
    </fragment>
    <LinearLayout
        android:id="@+id/linearLayout"
        android:layout_width="0dp"
        android:layout_height="wrap_content"
        app:layout_constraintEnd_toEndOf="parent"
        app:layout_constraintStart_toStartOf="parent"
        app:layout_constraintBottom_toBottomOf="parent">
        <ImageButton
            android:id="@+id/imagebutton1"
            android:layout_width="wrap_content"
            android:layout_height="50dp"
            android:layout_weight="1"
            android:src="@drawable/shouye" />
        <ImageButton
            android:id="@+id/imagebutton2"
            android:layout_width="wrap_content"
            android:layout_height="50dp"
            android:layout_weight="1"
            android:src="@drawable/xinpin" />
        <ImageButton
            android:id="@+id/imagebutton3"
            android:layout_width="wrap_content"
            android:layout_height="50dp"
            android:layout_weight="1"
            android:src="@drawable/faxian" />
        <ImageButton
            android:id="@+id/imagebutton4"
            android:layout_width="wrap_content"
            android:layout_height="50dp"
```

```
          android:layout_weight="1"
          android:src="@drawable/gouwu" />
      <ImageButton
          android:id="@+id/imagebutton5"
          android:layout_width="wrap_content"
          android:layout_height="50dp"
          android:layout_weight="1"
          android:src="@drawable/wode" />
  </LinearLayout>
</androidx.constraintlayout.widget.ConstraintLayout>
```

(6) 编写 MainActivity.java 文件，代码如下：

```
package com.my.ex05_04;
import androidx.appcompat.app.AppCompatActivity;
import androidx.fragment.app.Fragment;
import androidx.fragment.app.FragmentManager;
import androidx.fragment.app.FragmentTransaction;
import android.os.Bundle;
import android.view.View;
import android.widget.ImageButton;
public class MainActivity extends AppCompatActivity  implements
View.OnClickListener{
//定义控件
    ImageButton imb1,imb2,imb3,imb4,imb5;
    protected void onCreate(Bundle savedInstanceState) {
        super.onCreate(savedInstanceState);
        setContentView(R.layout.activity_main);
        //获取控件
        imb1=(ImageButton) findViewById(R.id.imagebutton1);
        imb2=(ImageButton) findViewById(R.id.imagebutton2);
        imb3=(ImageButton) findViewById(R.id.imagebutton3);
        imb4=(ImageButton) findViewById(R.id.imagebutton4);
        imb5=(ImageButton) findViewById(R.id.imagebutton5);
        imb1.setOnClickListener(this);
        imb2.setOnClickListener(this);
        imb3.setOnClickListener(this);
        imb4.setOnClickListener(this);
        imb5.setOnClickListener(this);
    }
    @Override
    public void onClick(View v)  {
        //获取 FragmentManager 对象
        FragmentManager  fm=getSupportFragmentManager();
        //获取 beginFragmentManager 对象
        FragmentTransaction bt=fm.beginTransaction();
        Fragment  f=new Fragment();//创建 Fragment 对象
        switch(v.getId())
        {
         case R.id.imagebutton1:
             //创建首页对应的 Fragment
             f=new FragmentShouye();
             break;
         case R.id.imagebutton2:
```

```
                //创建新品对应的Fragment
                f=new FragmentXinpin();
                break;
            case R.id.imagebutton3:
                //创建发现对应的Fragment
                 f=new FragmentFaxian();
                break;
            case R.id.imagebutton4:
                //创建购物车对应的Fragment
               f=new FragmentGouwuche();
                break;
            case R.id.imagebutton5:
                //创建我的对应的Fragment
                f=new FragmentWode();
                break;
                }
        //把主界面上加载的<fragment>标记中的Fragment替换为f对象
            bt.replace(R.id.frag1,f);
            bt.commit();//提交事务
    }
}
```

(7) 运行程序，结果如图 5-13 所示。

| "新品"界面 | "发现"界面 | "购物车"界面 | "我的"界面 |

图 5-13　例 5-4 的程序运行结果

动 手 实 践

项目 1　成绩等级判断

【项目描述】

编写一个成绩等级计算程序，在 Activity01 中选择性别并输入成绩，单击"跳转"按钮把成绩传递到 Activity02 中；在 Activity02 中根据不同的性别显示不同信息，并显示出成绩的等级。成绩在 90～100 之间为优；在 80～90 之间为良；在 60～70 之间为及格；60 分以下为不及格。单击"返回"按钮返回到 Activity01。效果如图 5-14 和图 5-15 所示。

图 5-14　输入数据　　　　　　　　　　　图 5-15　获得结果

【项目目标】

掌握 Activity 的应用；掌握 Activity 之间的数据传递方法。

项目 2　Fragment 应用

【项目描述】

编写一个项目，界面如图 5-16 所示，当单击"四川"时在界面下面显示四川的介绍，并把单击的"四川"两个字变成红色。同理单击"云南"和"贵州"时，在界面下方显示云南和贵州介绍，并把"云南"和"贵州"的颜色变成红色。效果如图 5-17 和图 5-18 所示。

【项目目标】

加深 Fragment 的理解，掌握 Fragment 的创建及加载。

图 5-16　四川介绍　　　　　　图 5-17　云南介绍　　　　　　图 5-18　贵州介绍

巩 固 训 练

一、单选题

1. Activity 对一些资源以及状态的操作，最好是在生命周期的(　　)函数中进行。
   A. onPause()　　　　B. onCreate()　　　　C. onResume()　　　D. onStart()
2. 下面退出 Activity 错误的方法是(　　)。
   A. finish()　　　　　　　　　　B. 抛异常强制退出
   C. System.exit()　　　　　　　　D. onStop()
3. Intent 的作用是(　　)。
   A. 连接四大组件的纽带，可以实现界面间切换，可以包含动作和动作数据
   B. 是一段长的生命周期，没有用户界面的程序，可以保持应用在后台运行，不会因为切换页面而消失
   C. 实现应用程序间的数据共享
   D. 处理一个应用程序整体性的工作
4. 当 Activity 被销毁时，如何保存它原来的状态？(　　)
   A. 实现 Activity 的 onStart()方法
   B. 实现 Activity 的 onSaveInstanceState()方法
   C. 实现 Activity 的 onDestroy()方法
   D. 实现 Activity 的 onCreate()方法
5. 在 Activity 的生命周期中，当它从可见状态转向半透明状态时，它的(　　)方法必须被调用。
   A. onStart()　　　　B. onRestart()　　　　C. onStop()　　　　D. onPause()
6. 在 Android 开发中，激活 Activity 的方法是(　　)。
   A. runActivity　　　B. goActivity　　　C. startActivity　　　D. startActivityForResult
7. (　　)调用 onPause 方法。
   A. 当 Activity 启动时　　　　　　B. 当 Activity 被隐藏时
   C. 当 Activity 重新显示时　　　　D. 当 Activity 的 onCreate 方法被执行之后
8. 下列选项中，不可能在 Activity 的 onPause()方法后执行的有(　　)。
   A. onResume　　　B. onStop　　　C. onRestart　　　D. 应用进程被杀死
9. 无论 Activity 从何种状态变化到运行状态，都会调用(　　)方法。
   A. onRestart　　　B. onStart　　　C. onPause　　　D. onResume
10. 关于 Intent 对象说法错误的是(　　)。
    A. 在 Android 中，Intent 对象是用来传递信息的
    B. Intent 对象可以把值传递给广播或 Activity
    C. 利用 Intent 传值时，只能传递 String 或 int 类型数据
    D. 调用 Intent 对象的 putExtras 方法可以把 Bundle 对象放入 Intent 中
11. 下列关于意图的分类方式正确的是(　　)。
    A. 意图按其使用场景可以分为启动服务的意图和启动活动的意图

B. 意图按其使用场景可以分为启动活动的意图和发送广播的意图

    C. 意图按其创建方式可以分为启动服务的意图和发送广播的意图

    D. 意图按其创建方式可以分为显式意图和隐式意图

12. 以下构造 Intent 的代码中,错误的是(　　)。

    A. Intent i = new Intent("com.test.hello")

    B. Intent i = new Intent("com.test.hello", "com.test.main")

    C. Intent i = new Intent(HelloActivity.this, MainActivity.class)

    D. Intent i = new Intent()

13. 当其他 Activity 有结果返回时,Activity 的下列(　　)方法会被立刻调用。

    A. onCreate   B. onActivityResult   C. setResult   D. getIntent

14. 下面(　　)标记可以在界面上显示一个自定义 Fragment。

    A. <FragMent>   B. <Fragment>   C. <fragment>   D. <FRAGMENT>

15. 下列关于隐式 Intent 与 Activity 的匹配原则中说法不正确的是(　　)。

    A. Intent 元素可以没有属性

    B. Intent 请求的 Action 和任意一个 Activity 的 Action 匹配,那么该 Intent 就可能激活该 Activity

    C. 如果 Intent 请求中没有说明具体的 Action 类型,那么无论什么 Intent 请求都无法与这条匹配

    D. 如果 Intent 请求中没有设定 Action 类型,那么只要包含有 Action 类型,这个 Intent 请求就将顺利地通过行为测试

16. 使用 Bundle 对象 b 把整型变量 i 用 "aa" 作为 key 传递时,可以使用以下选项中的 (　　)代码。

    A. b.putInt(i)   B. b.putExtra("aa",i)   C. b.putInt("aa",i) D. b.putExtras(i ,"aa")

17. 下列关于显式 Intent 的说法中,不正确的是(　　)。

    A. 如果需要调用的 Activity 类是外部的第三方程序,则必须只能使用隐式 Intent

    B. 如果需要拒绝外来 Intent 启动自己,需要在 Activity 的属性中配置 exported="true"

    C. 显式 Intent 可以通过 Component 直接设置需要调用的 Activity 类

    D. 显式 Intent 设置需要调用 Activity 类时,设置 Activity 类的方式可以是 Class 对象名,也可以是包名加类名的字符串

18. 下列关于 Fragment 的说法不正确的是(　　)。

    A. fragment 标记必须设置 id 属性

    B. Fragment 的 android:name 属性用来设置其名字

    C. fragment 标记主要用来显示 Fragment

    D. Fragment 可以看作轻量级的 Activity

19. 下列关于 Activity 的说法不正确的是(　　)。

    A. Activity 是为用户操作而展示的可视化用户界面

    B. 一个应用程序可以有若干个 Activity

    C. Activity 可以通过一个别名去访问

    D. Activity 可以表现为一个漂浮的窗口

20. Activity 通过(　　)方法可以设置它的布局文件，并把视图显示在界面上。

    A. setLayoutView()　　　　　　　　B. setContentView()

    C. setLayoutViews()　　　　　　　　D. setContentViews()

二、多选题

1. Intent 传递数据时，下列(　　)数据类型可以被传递。

    A. Serializable　　　B. charsequence　　C. Parcelable　　　D. Bundle

2. 关于 Intent 对象的说法正确的是(　　)。

    A. 利用 Intent 传值时，它的 key 值可以是对象

    B. 在 Android 中，Intent 对象是用来传递信息的

    C. Intent 对象可以把值传递给广播或 Activity

    D. 利用 Intent 传值时，可以传递一部分值类型

3. 下列属于 Bundle 对象的方法有(　　)。

    A. putString()　　　　B. putInt()　　　　C. putDouble()　　　D. putFloat()

4. 下列关于 Activity 的说法不正确的是(　　)。

    A. Activity 必须注册才能使用

    B. 每个 Activity 必须加载布局文件

    C. 把一个 Java 类创建成一个 Activity，可以继承 Activity 类或其子类

    D. Activity 类在每次启动时都会自动调用 onCreate 方法

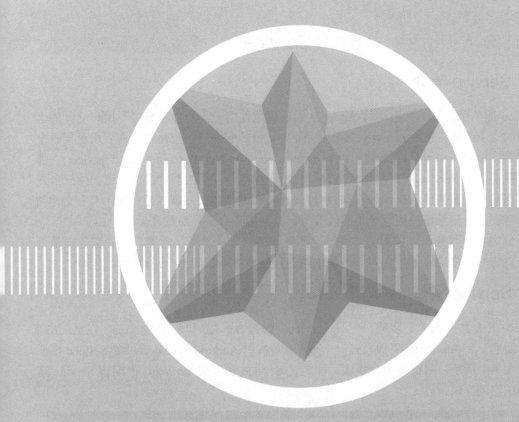

第6章

服务与系统服务技术

教学目标

- 理解 Service 的概念。
- 掌握 Service 的两种启动方式。
- 掌握本地 Service 通信，理解远程 Service 通信。
- 掌握广播接收者 BroadcastReceiver 的用法。

6.1 Service

6.1.1 Service 简介

Service 即"服务"的意思，是 Android 的四大组件之一，是并不直接与用户交互的运行于后台的一类组件。它跟 Activity 的级别差不多，但是它不能自己运行，需要通过某一个 Activity 或者其他 Context 对象来调用，如 Context.startService()和 Context.bindService()。那么什么时候需要用 Service 呢？它用于处理一些不干扰用户使用的后台操作，比如播放多媒体的时候用户启动了其他 Activity，这时程序要在后台继续播放，或者检测 SD 卡上文件的变化，或者在后台记录地理信息位置的改变等，总之服务一直是隐藏在后面的。

服务分为本地服务和远程服务，区分这两种服务的方法，就是看客户端和服务端是否在同一个进程中，本地服务是在同一进程中的，远程服务不在同一个进程中。

6.1.2 Service 操作

Service 开发共分为 3 个步骤：定义 Service、配置 Service 和启动 Service。在 Android Studio 中创建一个 Service 有两种方式，一种方式是按照 Android Studio 提供的 Service 模板创建，如图 6-1 所示，只需要两个步骤，即定义 Service 和启动 Service，而配置 Service 这一步由系统自动完成。

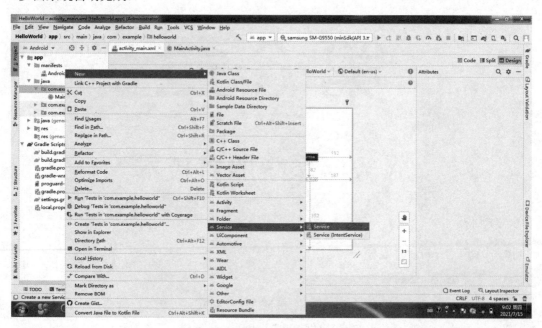

图 6-1 按照模板创建 Service

另外一种方式是定义一个系统类 android.App.Service 的子类，如图 6-2 所示，包括 3 个步骤：定义 Service、配置 Service 和启动 Service。

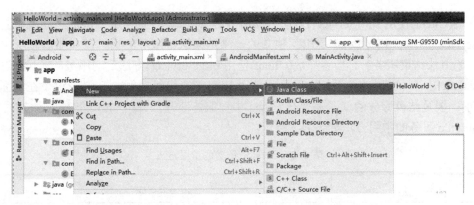

图 6-2　定义系统类 android.App.Service 的子类

1. Service 子类

Android 提供了一个系统类 android.App.Service，定义时只需要继承该类即可。定义的语法如下：

```
public class Service1 extends Service {        //自定义 Service 子类继承于 Service
    @Override
    //新建 Service 时系统自动覆盖 onBind 方法，用于通信
    public IBinder onBind(Intent intent) {
        return null;      }
}
```

2. 配置 Service

AndroidManifest 中 Service 的常见属性说明如表 6-1 所示。

表 6-1　AndroidManifest 中 Service 的常见属性

属　性	说　明
android:name	Service 的类名
android:label	Service 的标签。若不设置，默认为 Service 类名
android:icon	Service 的图标
android:permission	声明此 Service 的权限。提供了该权限的应用才能控制或连接此服务
android:process	表示该服务是否在另一个进程中运行(远程服务)。不设置则默认为本地服务；remote 则设置成远程服务
android:enabled	系统默认启动。true 表示 Service 将会默认被系统启动；不设置则默认为 false
android:exported	设置该服务是否能够被其他应用程序所控制或连接。不设置默认此项为 false

在 AndroidManifest.xml 文件的<application>中添加如下代码：

```
<service android:name="MyService"></service>
```

3. 启动 Service

启动服务也有两种方式：一种是 startService()，对应结束服务的方法是 stopService()；另一种是 bindService()，对应结束服务的方法是 unbindService()。这两种方式的区别就是：

当客户端(Client)使用 startService()方法启动服务的时候,这个服务和 Client 之间就没有联系了,Service 的运行和 Client 是相互独立的,想结束这个服务的话,就在服务本身中调用 stopSelf()方法结束服务。而当客户端(Client)使用 bindService()方法启动服务的时候,这个服务和 Client 是一种关联的关系,它们之间使用 Binder 的代理对象进行交互(这个在后面会详细说明);要是结束服务的话,需要在 Client 中与服务断开,调用 unBindService()方法。

Service 服务的常用方法如表 6-2 所示。

表 6-2　Service 服务的常用方法

方　　法	说　　明
void onCreate()	当 Service 启动时被触发,无论使用 Context.startService 还是 Context.bindService 启动服务,在 Service 整个生命周期内只会被触发一次
int onStartCommand(Intent intent, int flags, int startId)	当通过 Context.startService 启动服务时将触发此方法,但当使用 Context.bindService 方法时不会触发此方法,其中参数 intent 是 startCommand 的输入对象,参数 flags 代表 Service 的启动方式,参数 startId 是当前启动 Service 的唯一标识符。返回值决定服务结束后的处理方式
void onStart(Intent intent, int startId)	2.0 版本的方法,已被 Android 抛弃,不推荐使用,默认在 onStartCommand 执行中会调用此方法
IBinder onBind(Intent intent)	使用 Context.bindService 触发服务时将调用此方法,返回一个 IBinder 对象,在远程服务时可用于对 Service 对象进行远程操控
void onRebind(Intent intent)	当使用 startService 启动 Service 时,调用 bindService 启动 Service,且 onUnbind 返回值为 true 时,再次调用 Context.bindService 将触发此方法
boolean onUnbind(Intent intent)	调用 Context.unbindService 触发此方法,默认返回 false;当返回值为 true,再次调用 Context.bindService 时将触发 onRebind 方法
void onDestory()	分三种情况:① 以 Context.startService 启动 Service,调用 Context.stopService 结束时触发此方法;②以 Context.bindService 启动 Service,以 Context.unbindService 结束时触发此方法;③先以 Context.startService 启动服务,再用 Context.bindService 绑定服务,结束时必须先调用 Context.unbindService 解绑再使用 Context.stopService 结束 Service 才会触发此方法

【例 6-1】了解 Service 生命周期。

(1) 创建一个名称为 Ex6_1 的项目,包名为 com.example.ex6_1。

(2) 打开工程项目,在 app\src\main\java\com\example\ex6_1 下定义一个 Service,文件名为 Service1.java,重写父类的 onCreate()方法、onStartCommand()方法、onDestroy()方法和 onBind()方法。其代码如下:

```
public class Service1 extends Service {
    public Service1() {
    }
    public void onCreate() {
        super.onCreate();
        Toast.makeText(this, " onCreate 创建后台服务",Toast.LENGTH_LONG).show();
    }
    @Override
    public int onStartCommand(Intent intent, int flags, int startId) {
        Toast.makeText(this, "onStartCommand 启动后台服务",
                       Toast.LENGTH_LONG).show();
        return super.onStartCommand(intent, flags, startId);
    }
    @Override
    public void onDestroy() {
        super.onDestroy();
        Toast.makeText(this, "onDestroy销毁后台服务",Toast.LENGTH_LONG).show();
    }
    @Override
    public IBinder onBind(Intent intent) {
        Toast.makeText(this, "onBind 启动后台服务",Toast.LENGTH_LONG).show();
        return null;
    }
    @Override
    public boolean onUnbind(Intent intent) {
        Toast.makeText(this, "onUnbind 销毁后台服务",
                       Toast.LENGTH_LONG).show();
        return super.onUnbind(intent);
    }
}
```

(3) 配置 Service。打开配置文件 AndroidManifest.xml，在 Application 标签里添加下面的代码：

```
<service
    android:name=".Service1"
    android:enabled="true"
    android:exported="true"></service>
```

(4) 启动 Service。打开工程项目下的 app\src\main\res\layout\activity_main.xml 布局文件，在布局文件中设置两个 Button，分别用于启动和停止 Service。打开工程项目下的 app\src\main\java\com\example\ex6_1\MainActivity.java 文件。

① 使用 startService()启动 Service，代码如下：

```
public class MainActivity extends AppCompatActivity {
    Button btn1,btn2;
    Intent intent;
    @Override
    protected void onCreate(Bundle savedInstanceState) {
        super.onCreate(savedInstanceState);
        setContentView(R.layout.activity_main);
```

```
        btn1=findViewById(R.id.button1);
        btn2=findViewById(R.id.button2);
        intent=new Intent(this,Service1.class);
        btn1.setOnClickListener(new View.OnClickListener(){
            @Override
            public void onClick(View v) {
                startService(intent);
            }
        });
        btn2.setOnClickListener(new View.OnClickListener(){
            @Override
            public void onClick(View v) {
                stopService(intent);
            }
        });
    }
}
```

程序运行结果如图 6-3 所示。单击"启动 1"按钮，发现使用 context.startService()启动 Service 时会经历 onCreate()→onStartCommand()→Service 运行过程。

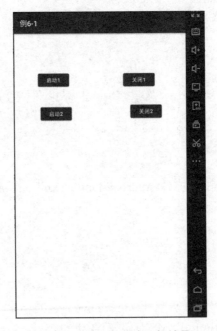

图 6-3　例 6-1 的程序运行结果

单击"关闭 1"按钮，发现使用 context.stopService()停止 Service 时会经历 onDestroy() →Service 停止过程。

② 使用 bindService()启动 Service，代码如下：

```
public class MainActivity extends ActionBarActivity {
    Intent intent;
    Button btn3,btn4;
    ServiceConnection sconn=new ServiceConnection(){
        @Override
```

```
        public void onServiceConnected(ComponentName name, IBinder service) { }
        @Override
        public void onServiceDisconnected(ComponentName name) {  }
    };
    @Override
    protected void onCreate(Bundle savedInstanceState) {
        super.onCreate(savedInstanceState);
        setContentView(R.layout.activity_main);
        intent.setAction("android.intent.action.start");
        btn3=(Button)this.findViewById(R.id.button3);
        btn4=(Button)this.findViewById(R.id.button4);
        intent=new Intent(this,Service1.class);
        btn3.setOnClickListener(new OnClickListener(){
            @Override
            public void onClick(View v) {
                bindService(intent,sconn,BIND_AUTO_CREATE);
            }
        });
        btn4.setOnClickListener(new OnClickListener(){
            @Override
            public void onClick(View v) {
                unbindService(sconn);
            }
        });
}
```

💡 **注意：** bindService(Intent service, ServiceConnection conn, int flags)方法的 flag 参数可以控制需要绑定的 Service 的行为和运行模式，其中 BIND_AUTO_CREATE 和 BIND_WAIVE_PRIORITY 两个值在 Android 4.0 版本前后有一些区别，主要表现在以下两个方面。

(1) 在 Android 4.0 版本之前，Service 的优先级被默认视同后台任务。如果设置了 BIND_AUTO_CREATE，则 Service 的优先级将等同于宿主进程，也就是调用 bindService 的进程。

(2) 在 Android 4.0 及以后版本就完全变了，Service 的优先级默认等同于宿主进程，只有设置了 BIND_WAIVE_PRIORITY 才会使 Service 被当作后台任务对待。基于上述区别，必须对不针对 Android 4.0 以上版本开发的 App 进行兼容。这种 App 运行在 Android 4.0 以上版本时，bindService 没有同时设置 BIND_AUTO_CREATE，则 Service 应被视为后台任务，那么 BIND_WAIVE_PRIORITY 会被偷偷加上去。

单击"启动 2"按钮，发现使用 context.bindService()启动 Service 时会经历 onCreate()→onBind()→Service 运行过程。

单击"关闭 2"按钮，发现使用 context.unbindService(sconn)停止 Service 时会经历 onDestroy()→Service 停止过程。

6.1.3　Service 通信

根据通信方式，Service 可分为本地服务(Local Service)和远程服务(Romote Service)两种类型。本地服务运行在当前的应用程序里面，主要用于实现应用程序自己的一些耗时任务，比如查询升级信息，并不占用应用程序(比如 Activity)所属线程，而是单开线程后台执行，这样用户体验比较好；远程服务则运行在其他应用程序里面，可被其他应用程序复用，比如天气预报服务，其他应用程序不需要再写这样的服务，调用已有的服务即可。

1. 本地服务通信

如果在应用程序内 Service 和访问者之间需要进行通信，应该调用 bindService()绑定 Service 与访问者；通信结束后，再调用 unbingService()解除绑定，退出 Service。

启动的 Service 是运行在主线程中的，所以耗时的操作还是要新建工作线程，用 bindService 时需要实现 ServiceConnection，flags 参数值为 BIND_AUTO_CREATE。Service 中关键要返回 IBinder 的实现类对象，该对象会使用服务中的一些 API，一般在自定义的 ServiceConnection 实现类中获得和关闭 IBinder 对象，通过获得的 IBinder 对象实现调用服务中的 API。

【例 6-2】本地服务与 Activity 通信。

(1) 创建一个名称为 Ex6_2 的项目，包名为 com.example.ex6_2。

(2) 打开工程项目，在 app\src\main\java\com\example\ex6_2 下定义一个 Service 类，该类继承 Android 的 Service 类。这里写了一个计数服务的类，每秒钟为计数器加 1。在服务类的内部，还创建了一个线程，用于实现后台执行上述业务逻辑。代码如下：

```java
public class Service1 extends Service {
    int counter = 0;
    boolean bRunning = true;
    mBinder binder = new mBinder();
    public Service1() {
    }
    public class mBinder extends Binder {
        public int getCounter(){
            return counter;
        }
    }
    @Override
    public IBinder onBind(Intent intent) {
        return binder;
    }
    @Override
    public void onCreate() {      //创建计数器
        super.onCreate();
        Toast.makeText(this, "创建后台服务…",Toast.LENGTH_LONG).show();
        new Thread(new Runnable(){
            @Override
            public void run() {
                while(bRunning=true){
                    try {
                        Thread.sleep(1000);
                    } catch (InterruptedException e) {
                        e.printStackTrace();
                    }
```

```
            counter++;
        }               }
    }).start();
}
@Override
public boolean onUnbind(Intent intent) {
    bRunning = false;
    return true;
}
}
```

(3) 启动 Service。打开工程项目下的 app\src\main\res\layout\activity_main.xml 布局文件，在主布局文件中设置三个 Button，分别用于启动 Service、停止 Service 和从 Service 获取数据，如图 6-4(a)所示。

(4) 打开工程项目下的 app\src\main\java\com\example\ex6_2\MainActivity.java 文件，编写代码如下：

```
public class MainActivity extends AppCompatActivity {
    Intent intent = new Intent();
    Button btn1, btn2, btn3;
    Service1.mBinder binder;
    ServiceConnection sconn = new ServiceConnection() {
        @Override
        public void onServiceConnected(ComponentName name, IBinder service) {
            System.out.println("--ServiceConnected--");
            binder = (Service1.mBinder) service;
        }
        @Override
        public void onServiceDisconnected(ComponentName name) {
            System.out.println("--ServiceDisconnected--");
            binder = null;
        }
    };
    @Override
    protected void onCreate(Bundle savedInstanceState) {
        super.onCreate(savedInstanceState);
        setContentView(R.layout.activity_main);
        intent.setAction("android.intent.action.start");
        btn1 = (Button) this.findViewById(R.id.button1);
        btn2 = (Button) this.findViewById(R.id.button2);
        btn1.setOnClickListener(new View.OnClickListener() {
            @Override
            public void onClick(View v) {
                bindService(intent, sconn, BIND_AUTO_CREATE);
            }
        });
        btn2.setOnClickListener(new View.OnClickListener() {
            @Override
            public void onClick(View v) {
                unbindService(sconn);
            }
```

```
    });
    btn3 = (Button) this.findViewById(R.id.button3);
    btn3.setOnClickListener(new View.OnClickListener() {
        @Override
        public void onClick(View v) {
            Toast.makeText(MainActivity.this, "Service 的 count 值为: " +
                    binder.getCounter(), Toast.LENGTH_LONG).show();
        }
    });
    }
}
```

运行程序，单击"启动"按钮，连接服务 Service；单击"获取本地服务数据"按钮，从服务 Service 获得 count 的值，如图 6-4(b)所示；每次单击"获取本地服务数据"按钮，从服务 Service 处获得 count 的值都不一样。

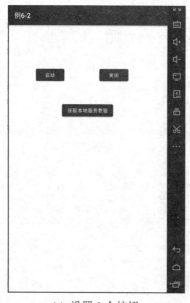

(a) 设置 3 个按钮

(b) 获取数据

图 6-4　例 6-2 的程序运行结果

2. 远程服务通信

访问远程服务类似进程间通信。在 Android 系统中，各应用程序都运行在自己的进程中，进程之间一般无法直接进行通信或数据交换，但是 Android 提供了 AIDL 工具来实现跨进程的通信。安卓接口定义语言(Android Interface Definition Language，AIDL)是一种 Android 内部进程通信接口的描述语言，通过它我们可以定义进程间的通信接口。

【例 6-3】使用 AIDL 实现跨进程通信。

(1) 创建一个名称为 Ex6_3 的项目，包名为 com.example.ex6_3。

(2) 创建.aidl 文件。

右击工程名，在弹出的快捷菜单中选择 New→ADIL→AIDL File 命令，如图 6-5(a)所示。在弹出的对话框中输入文件名后单击"确定"按钮，工程结构中会创建一个 aidl 文件夹，如图 6-5(b)所示，按照需要编辑 aidl 文件，如图 6-5(c)所示，若编译无误，Rebuild Project 后会自动生成一个与 aidl 文件同名的 Java 文件，工程结构如图 6-5(d)所示。

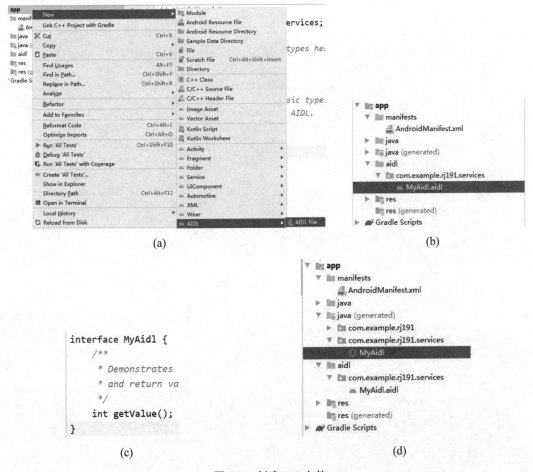

(a)

(b)

(c)

(d)

图 6-5　创建.aidl 文件

　　aidl 文件用于接口描述。编译 aidl 文件，adt 插件会像资源文件一样把 aidl 文件编译成 Java 代码，生成在 java(generated)文件夹下，在自动生成的 Java 文件中，系统会自动定义一个抽象类 Stub，它继承了 android.os.Binder 类，实现 aidl 文件中描述的接口，我们实际需要实现的是 Stub 抽象类。

　　在 Stub 类中都会生成一个 asInterface()方法，首先当 bindService 之后，客户端会得到一个 Binder 引用，然后调用 xxxxService.Stub.asInterface(IBinder obj)即可得到一个 xxxxService 实例对象。

💡 注意：　可以引用其他 aidl 文件中定义的接口，但是不能够引用 Java 类文件中自定义的接口。

　　　　　　interface 前不能有修饰符，方法前也不能有修饰符。

　　(3) 打开工程项目，在 app\src\main\java\com\example\ex6_3 下定义一个 Service 的子类 MyAIDLService，实现定义 aidl 接口中的内部抽象类 Stub，Stub 类继承了 Binder，并继承我

们在 aidl 文件中定义的接口，我们需要实现接口方法。代码如下：

```java
public class MyAIDLService extends Service {
    int[] values = {20,56,78};
    int index = 0;
    boolean bRunning = true;
    public class mBinder extends MyAidl.Stub{
        @Override
        public int getValue() throws RemoteException {
            return values[index];
        }
    }
    @Override
    public IBinder onBind(Intent intent) {
        return new mBinder();
    }
    @Override
    public void onCreate() {
        super.onCreate();
        new Thread(new Runnable(){
            @Override
            public void run() {
                while(bRunning=true){
                    index=(int)(Math.random()*2);
                    try {
                        Thread.sleep(1000);
                    } catch (InterruptedException e) {
                        e.printStackTrace();
                    }                         }
        }).start();   }
    @Override
    public void onDestroy() {
        super.onDestroy();
    }
    @Override
    public boolean onUnbind(Intent intent) {
        return super.onUnbind(intent);
    }
}
```

(4) 打开工程项目下的 app\src\main\res\layout\activity_main.xml 布局文件，界面中有两个 Button，分别用来连接 Service 和从 Service 获取数据。

(5) 打开工程项目下的 app\src\main\java\com\example\ex6_3\MainActivity.java 文件，编写代码如下：

```java
public class MainActivity extends AppCompatActivity {
    Intent intent;
    MyAidl myaidl;
    mServiceConnection sconn;
    class mServiceConnection implements ServiceConnection {
        public void onServiceConnected(ComponentName name, IBinder boundService){
```

```
            myaidl = MyAidl.Stub.asInterface((IBinder)boundService);
            Toast.makeText(MainActivity.this, "Service connected",
                    Toast.LENGTH_LONG).show();
        }
        public void onServiceDisconnected(ComponentName name) {
            myaidl = null;
            Toast.makeText(MainActivity.this, "Service disconnected",
                    Toast.LENGTH_LONG).show();
        }
    }
    Button btn1,btn2;
    @Override
    protected void onCreate(Bundle savedInstanceState) {
        super.onCreate(savedInstanceState);
        setContentView(R.layout.activity_main);
        sconn = new mServiceConnection();
        intent = new Intent(MainActivity.this,MyAIDLService.class);
        btn1 = findViewById(R.id.button1);
        btn2 = findViewById(R.id.button2);
        btn1.setOnClickListener(new mClick());//连接
        btn2.setOnClickListener(new mClick());  //获取数据
    }
    public class mClick implements View.OnClickListener {
        @Override
        public void onClick(View v) {
            if(v==btn1) bindService(intent,sconn,BIND_AUTO_CREATE);
            if(v==btn2)
                try {
                    int str=myaidl.getValue();
                    Toast.makeText(MainActivity.this, "您选择了:"
                            +str,Toast.LENGTH_LONG).show();
                } catch (RemoteException e) {
                    // TODO Auto-generated catch block
                    e.printStackTrace();
                }
        }
    }
    protected void onDestroy() {
        super.onDestroy();
        unbindService(sconn);
        sconn = null;
    }
}
```

程序运行结果如图 6-6 所示，单击"启动"按钮连接远程服务，单击"远程服务通信"按钮从远程服务处获取数据。

(a) 连接远程服务   (b) 从远程服务获取数据

图 6-6 例 6-3 的程序运行结果

6.1.4 系统 Service

我们在 Android 开发过程中经常会用到各种各样的系统管理服务,如进行窗口相关的操作会用到窗口管理服务 WindowManager,进行电源相关的操作会用到电源管理服务 PowerManager,还有很多其他的系统管理服务,如通知管理服务 NotifacationManager、振动管理服务 Vibrator、电池管理服务 BatteryManager 等。这些管理服务提供了很多对系统层的控制接口。对于 App 开发者,只需要了解这些接口的使用方式,就可以方便地进行系统控制,获得系统各个服务的信息,而不需要了解这些接口的具体实现方式。而对于 Framework 开发者,则需要了解这些 Manager 服务的常用实现模式,维护这些 Manager 服务的接口,扩展这些接口,或者实现新的 Manager。

使用系统 Service 的步骤如下。

(1) 通过方法 getSystemService,可以获得各种系统服务。

(2) 获取系统服务相关属性,并调用其相关方法。

(3) 添加用户权限。

Android 某些功能的使用需要获得权限,对于一些常用权限,可以在 Androidmanifest.xml 中添加。例如:

```
<uses-permission android:name="android.permission.INTERNET" />
<uses-permission android:name="android.permission.WRITE_EXTERNAL_STORAGE" />
<uses-permission android:name="android.permission.READ_PHONE_STATE" />
<uses-permission android:name="android.permission.MOUNT_UNMOUNT_FILESYSTEMS"/>
```

常用权限如表 6-3 所示。

表 6-3　常用权限

用户权限名称	用户权限作用
android.permission.INTERNET	访问网络连接，可能产生 GPRS 流量
android.permission.ACCESS_WIFI_STATE	获取 WiFi 状态
android.permission.CHANGE_WIFI_STATE	改变 WiFi 状态
android.permission.ACCESS_NETWORK_STATE	获取网络状态
android.permission.BLUETOOTH	允许程序连接配对过的蓝牙设备
android.permission.CELL_PHONE_MASTER_EX	手机优化大师扩展权限
android.permission.DELETE_CACHE_FILES	允许应用删除缓存文件
android.permission.DELETE_PACKAGES	允许程序删除应用
android.permission.EXPAND_STATUS_BAR	允许程序扩展或收缩状态栏
android.permission.FLASHLIGHT	允许访问闪光灯
android.permission.MODIFY_AUDIO_SETTINGS	修改声音设置信息
android.permission.MODIFY_PHONE_STATE	修改电话状态，如飞行模式，但不包含替换系统拨号器界面
android.permission.READ_PHONE_STATE	访问电话状态
android.permission.CALL_PRIVILEGED	允许程序拨打电话，替换系统的拨号器界面
android.permission.CALL_PHONE	允许程序从非系统拨号器里输入电话号码
android.permission.READ_SMS	读取短信内容
android.permission.RECEIVE_MMS	接收彩信
android.permission.RECEIVE_SMS	接收短信
android.permission.SEND_SMS	发送短信
android.permission.WRITE_SMS	允许编写短信
com.android.alarm.permission.SET_ALARM	设置闹铃提醒
android.permission.SET_ANIMATION_SCALE	设置全局动画缩放
android.permission.SET_ORIENTATION	设置屏幕方向为横屏或标准方式显示，不用于普通应用
android.permission.SET_TIME	设置系统时间
android.permission.SET_TIME_ZONE	设置系统时区
android.permission.SET_WALLPAPER	设置桌面壁纸
android.permission.VIBRATE	允许振动
android.permission.WRITE_CONTACTS	写入联系人，但不可读取
android.permission.WRITE_EXTERNAL_STORAGE	允许程序写入外部存储，如 SD 卡
android.permission.WRITE_SETTINGS	允许读写系统设置项
android.permission.CAMERA	允许访问摄像头进行拍照

【例 6-4】音频管理器 AudioManager。

Android 提供的控制音量大小的 API 是 AudioManager(音频管理器)，该类位于 Android.Media 包下，提供了音量控制和铃声模式的相关操作。

获得 AudioManager 对象实例的方法如下：

```
AudioManager am = (AudioManager)context.getSystemService(Context.AUDIO_SERVICE);
```

因为 getSystemService(String name)方法的返回值类型是 Object，所以需要强制转换成 AudioManager 类型。

AudioManager 提供了一系列控制手机音量的方法，如表 6-4 所示。

表 6-4 AudioManager 常用相关方法

方 法 名	方法说明
adjustVolume(int direction, int flags)	控制手机音量，调大或者调小一个单位，根据第一个参数进行判断：参数值 AudioManager.ADJUST_LOWER 可调小一个单位；参数值 AudioManager.ADJUST_RAISE 可调大一个单位
adjustStreamVolume(int streamType, int direction, int flags)	调整手机指定类型的声音。参数 streamType 指定声音类型，有下述几种声音类型：STREAM_ALARM——手机闹铃，STREAM_MUSIC——手机音乐，STREAM_RING——电话铃声，STREAM_SYSTEAM——手机系统，STREAM_DTMF——音调，STREAM_NOTIFICATION——系统提示，STREAM_VOICE_CALL——语音电话。 direction 用于调大或调小音量。 flags 是可选的标志位。比如 AudioManager.FLAG_SHOW_UI，显示进度条，AudioManager.PLAY_SOUND：播放声音
setMode()	设置声音模式，值有 MODE_NORMAL(普通)，MODE_RINGTONE (铃声)，MODE_IN_CALL(打电话)，MODE_IN_COMMUNICATION (通话)
setRingerMode(int streamType)	设置铃声模式，值有 RINGER_MODE_NORMAL(普通)，RINGER_MODE_SILENT(静音)，RINGER_MODE_VIBRATE(震动)
setStreamMute(int streamType, boolean state)	将手机某个声音类型设置为静音
setSpeakerphoneOn(boolean on)	设置是否打开扩音器
setMicrophoneMute(boolean on)	设置是否让麦克风静音

(1) 创建一个名称为 Ex6_4 的项目，包名为 com.example.ex6_4。

(2) 打开工程项目下的 app\src\main\res\layout\activity_main.xml 布局文件，添加 3 个 Button，即 PLAY、UP、DOWN 和 1 个 ToggleButton 按钮 OFF。在项目的 res 目录下新建文件夹 raw，添加音频文件到 raw 中供程序使用。需要注意的是，音频文件的文件名由 a～z、0～9 的字符组成。

(3) 打开工程项目下的 app\src\main\java\com\example\ex6_4\MainActivity.java 文件，编写代码如下：

```
public class MainActivity extends AppCompatActivity {
   public class AudioActivity extends AppCompatActivity {
      Button btnplay, btnup, btndown, btnoff;
      AudioManager audiomanager;
      MediaPlayer mediaplayer;
      @Override
      protected void onCreate(Bundle savedInstanceState) {
         super.onCreate(savedInstanceState);
         setContentView(R.layout.activity_main);
         audiomanager = (AudioManager) getSystemService(AUDIO_SERVICE);
         mediaplayer = MediaPlayer.create(MainActivity.this, R.raw.a);
         btnplay = findViewById(R.id.button1);
         btnplay.setOnClickListener(new View.OnClickListener() {
            public void onClick(View v) {
               mediaplayer.start();
            }
         });
         btnup = (Button) this.findViewById(R.id.button3);
         btnup.setOnClickListener(new View.OnClickListener() {
            public void onClick(View v) {
               audiomanager.setStreamVolume(AudioManager.STREAM_MUSIC,
                  AudioManager.ADJUST_RAISE, AudioManager.FLAG_SHOW_UI);
            }
         });
         btndown = findViewById(R.id.button4);
         btndown.setOnClickListener(new View.OnClickListener() {
            public void onClick(View v) {
               audiomanager.setStreamVolume(AudioManager.STREAM_MUSIC,
                  AudioManager.ADJUST_LOWER, AudioManager.FLAG_SHOW_UI);
            }
         });
         btnoff = findViewById(R.id.button2);
         btnoff.setOnClickListener(new View.OnClickListener() {
            public void onClick(View v) {
               mediaplayer.stop();
            }
         });
      }
   }
}
```

　　运行程序，结果如图 6-7 所示，单击 PLAY 按钮播放音乐，单击 UP 按钮跳到末尾，单击 DOWN 按钮倒退到开始，单击 OFF 按钮暂停播放音乐，再单击 PLAY 按钮又开始播放音乐。

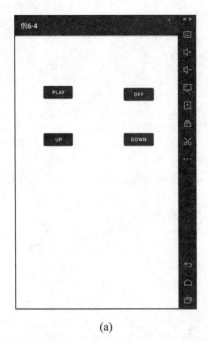 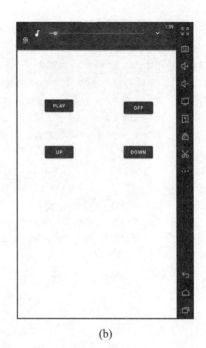

(a)　　　　　　　　　　　　　(b)

图 6-7　例 6-4 的程序运行结果

【例 6-5】振动器 Vibrator。

Vibrator 服务提供的是控制手机振动的接口，应用可以调用 Vibrator 接口来让手机产生振动，达到提醒用户的目的。Vibrator 常用的相关方法如表 6-5 所示。

表 6-5　Vibrator 常用的相关方法

方 法 名	方法说明
void vibrate(long milliseconds)	振动指定时间，数据类型为 long，单位为毫秒
void vibrate(long[] pattern, int repeat)	指定手机以 pattern 指定的模式振动。第一个参数为振动模式；第二个参数为重复次数，-1 为不重复，0 为一直振动
abstract void cancel()	取消振动，若不取消振动，就算退出，也会一直振动
abstract boolean hasVibrator()	判断硬件是否有振动器

取得振动服务的语句如下：

```
vibrator = (Vibrator)getSystemService(VIBRATOR_SERVICE);
```

或者：

```
vibrator = (Vibrator)getApplication().getSystemService(Service.VIBRATOR_SERVICE);
```

最重要的，增加权限，否则运行时出错：

```
<uses-permission Android:name="android.permission.VIBRATE"/>
```

(1) 创建一个名称为 Ex6_5 的项目，包名为 com.example.ex6_5。

(2) 打开工程项目下的 app\src\main\res\layout\activity_main.xml 布局文件，添加两个 Button，分别是"开始振动"和"停止振动"。

(3) 打开工程项目下的 app\src\main\java\com\example\ex6_5\MainActivity.java 文件，编写代码如下：

```java
public class MainActivity extends ActionBarActivity {
    Vibrator vb;
    Button btn1,btn2;
    @Override
    protected void onCreate(Bundle savedInstanceState) {
        super.onCreate(savedInstanceState);
        setContentView(R.layout.activity_main);
        vb=(Vibrator)getSystemService(Context.VIBRATOR_SERVICE);
        btn1=findViewById(R.id.button1);
        btn2=findViewById(R.id.button2);
        btn1.setOnClickListener(new OnClickListener(){
            @Override
            public void onClick(View v) {
                vb.vibrate(3000);//设置手机振动时间
                Toast.makeText(MainActivity.this,"手机振动",Toast.LENGTH_LONG);
            }
        });
        btn2.setOnClickListener(new OnClickListener(){
            @Override
            public void onClick(View v) {
                vb.cancel();//停止振动
            Toast.makeText(MainActivity.this,"手机振动已经关闭",Toast.LENGTH_LONG);
            }
        });
    }
```

在配置文件里添加权限：

```xml
<uses-permission android:name="android.permission.VIBRATE"/>
```

程序运行结果如图 6-8 所示。

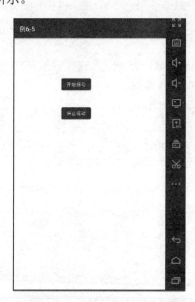

图 6-8　振动器 Vibrator

需要注意的是，振动效果只能在真机上体验，在模拟器上看不到效果。用数据线将计算机与 Android 手机连接，即可在手机上运行了。

6.2 广播接收者 BroadcastReceiver

BroadcastReceiver(广播接收者)属于 Android 四大组件之一，当某个事件产生时(如一条短信发来或一个电话打来)，Android 操作系统会把这个事件广播给所有注册的广播接收者，由需要处理这个事件的广播接收者进行处理。其实这就是日常生活中的广播。发生一条新闻后，广播电台会广播这条新闻给打开收音机的人，其中对这条新闻感兴趣的人会关注，甚至可能会拿笔记下。新闻就是事件，广播电台就是 Android 系统，打开收音机的人就是广播接收者，感兴趣的人就是需要处理该事件的广播接收者，拿笔记下就是对该事件进行操作。

按广播播放顺序，可分为普通广播和有序广播。

(1) 普通广播：完全异步，逻辑上可以被任何广播接收者接收到。其优点是效率较高；缺点是一个接收者不能将处理结果传递给下一个接收者，并无法终止广播 Intent 的传播。

(2) 有序广播：按照被接收者的优先级顺序，在被接收者中一次传播。比如有三个广播接收者 A、B、C，优先级是 A > B > C，那这个消息先传给 A，再传给 B，最后传给 C。每个接收者有权终止广播，如 B 终止广播，C 就无法接收到。此外，A 接收到广播后，可以对结果对象进行操作，当广播传给 B 时，B 可以从结果对象中取得 A 存入的数据，如系统收到短信发出的广播就是有序广播。

6.2.1 开发 BroadcastReceiver

要实现一个广播接收者，方法如下。

(1) 继承 BroadcastReceiver，并重写 onReceive()方法：

```
public class IncomingSMSReceiver extends BroadcastReceiver {
  @Override public void onReceive(Context context, Intent intent) {
  }
}
```

(2) 注册 BroadcastReceiver 对象，注册方法有两种。

① 动态注册，即使用代码进行注册：

```
IntentFilter filter =
              new IntentFilter("android.provider.Telephony.SMS_RECEIVED");
IncomingSMSReceiver receiver=new IncomingSMSReceiver();
registerReceiver(receiver, filter);
```

② 静态注册，即在 AndroidManifest.xml 文件中的<application>节点里进行注册：

```
<receiver android:name=".IncomingSMSReceiver">
  <intent-filter>
    <action android:name="android.provider.Telephony.SMS_RECEIVED"/>
  </intent-filter>
</receiver>
```

(3) 将需要广播的消息封装到 Intent 中，然后调用其方法发送出去。

广播接收者(BroadcastReceiver)用于接收广播 Intent，广播 Intent 的发送是通过调用 Context.sendBroadcast()、Context.sendOrderedBroadcast()来实现的。

Context.sendBroadcast()发送的是普通广播，所有订阅者都有机会获得并进行处理。Context.sendOrderedBroadcast()发送的是有序广播，系统会根据接收者声明的优先级别按顺序逐个执行接收者，前面的接收者有权终止广播(BroadcastReceiver.abortBroadcast())；如果广播被前面的接收者终止，后面的接收者就再也无法获取到广播。对于有序广播，前面的接收者可以将数据通过 setResultExtras(Bundle)方法存放进结果对象，然后传给下一个接收者，下一个接收者通过代码 Bundle bundle = getResultExtras(true)可以获取上一个接收者存入结果对象中的数据。

(4) 通过 IntentFilter 对象过滤 Intent，处理与其匹配的广播。

【例 6-6】简单的信息广播。

(1) 创建一个名称为 Ex6_6 的项目，包名为 com.example.ex6_6。

(2) 打开工程项目下的 app\src\main\res\layout\activity_main.xml 布局文件，添加 1 个 Button，用来发送广播，一个 TextView，用来显示广播信息。

(3) 打开工程项目下的 app\src\main\java\com\example\ex6_6，新建 BroadcastReceiver 的一个子类 TestReceiver，用来接收广播信息。其代码如下：

```
public class  TestReceiver extends BroadcastReceiver {
    @Override
    public void onReceive(Context context, Intent intent) {
        String str=intent.getExtras().getString("hello");
        MainActivity.txt.setText(str);
    }
}
```

(4) 打开工程项目下的 app\src\main\java\com\example\ex6_6\MainActivity.java 文件，编写代码如下：

```
public class MainActivity extends AppCompatActivity {
    static TextView txt;
    Button btn;
    @Override
    public void onCreate(Bundle savedInstanceState)    {
        super.onCreate(savedInstanceState);
        setContentView(R.layout.activity_main);
        txt=(TextView)findViewById(R.id.txt1);
        Button btn=(Button)findViewById(R.id.button);
        btn.setOnClickListener(new mClick());
    }
    class mClick implements View.OnClickListener {
        @Override
        public void onClick(View v) {
            Intent intent=new Intent();
            intent.setAction("abc");
            //Bundle bundle=new Bundle();
            //bundle.putString("hello", "这是广播信息!");
            intent.putExtra("hello", "这是广播信息!");
            sendBroadcast(intent);
```

```
        }
    }
}
```

(5) 在配置文件 Androidmanifest.xml 的 application 标签里添加下面的代码：

```
<!-- 广播接收类 -->
    <receiver  android:name="com.example.broadcast.TestReceiver">
        <intent-filter>
            <action android:name="abc" /> <!--接收广播注册的广播动作 -->
        </intent-filter>
    </receiver>
```

程序运行结果如图 6-9 所示。

(a) 单击按钮前

(b) 单击按钮后

图 6-9　例 6-6 的程序运行结果

6.2.2　接收系统广播信息(System Broadcast)

Android 中内置了多个系统广播。只要涉及手机的基本操作(如开机、网络状态变化、拍照等)，都会发出相应的广播。每个广播都有特定的 Intent-Filter(包括具体的 action)，Android 系统广播 action 如表 6-6 所示。

表 6-6　Android 系统广播 action

系统操作	action
监听网络变化	android.net.conn.CONNECTIVITY_CHANGE
关闭或打开飞行模式	Intent.ACTION_AIRPLANE_MODE_CHANGED
充电时或电量发生变化	Intent.ACTION_BATTERY_CHANGED
电池电量低	Intent.ACTION_BATTERY_LOW

系统操作	action
电池电量充足(即从电量低变化到饱满时会发出广播)	Intent.ACTION_BATTERY_OKAY
系统启动完成后(仅广播一次)	Intent.ACTION_BOOT_COMPLETED
按下照相时的拍照按键(硬件按键)时	Intent.ACTION_CAMERA_BUTTON
屏幕锁屏	Intent.ACTION_CLOSE_SYSTEM_DIALOGS
设备当前设置被改变时(界面语言、设备方向等)	Intent.ACTION_CONFIGURATION_CHANGED
插入耳机时	Intent.ACTION_HEADSET_PLUG
未正确移除 SD 卡但已取出来时	Intent.ACTION_MEDIA_BAD_REMOVAL
插入外部存储装置(如 SD 卡)	Intent.ACTION_MEDIA_CHECKING
成功安装 APK	Intent.ACTION_PACKAGE_ADDED
成功删除 APK	Intent.ACTION_PACKAGE_REMOVED
重启设备	Intent.ACTION_REBOOT
屏幕被关闭	Intent.ACTION_SCREEN_OFF
屏幕被打开	Intent.ACTION_SCREEN_ON
关闭系统时	Intent.ACTION_SHUTDOWN
重启设备	Intent.ACTION_REBOOT

💡 注意：　当使用系统广播时，只需要在注册广播接收者时定义相关的 action 即可，并不需要手动发送广播。当系统有相关操作时，会自动进行系统广播。

【例 6-7】Android 获取电池信息。

(1) 创建一个名称为 Ex6_7 的项目，包名为 com.example.ex6_7。

(2) 打开工程项目下的 app\src\main\res\layout\activity_main.xml 布局文件，主界面上放一个 TextView，用于接收从系统广播传过来的电池信息。

(3) 打开工程项目下的 app\src\main\java\com\example\ex6_7，新建 BroadcastReceiver 的一个子类 BatteryChangedReceiver，用来接收广播信息。其代码如下：

```java
public class BatteryChangedReceiver extends BroadcastReceiver {
    private static final String TAG = "BatteryChangedReceiver";
    @Override
    public void onReceive(Context context, Intent intent) {
        //当前电量
        int currLevel=intent.getIntExtra(BatteryManager.EXTRA_LEVEL,0);
        //总电量
        int total=intent.getIntExtra(BatteryManager.EXTRA_SCALE, 1);
        int percent=currLevel*100/total;
        MainActivity.txt.setText("battery:" + percent+"%");
    }
}
```

(4) 打开工程项目下的 app\src\main\java\com\example\ex6_7\MainActivity.java 文件，编写代码如下：

```java
public class MainActivity extends AppCompatActivity {
    BroadcastReceiver mBroadcastReceiver = new BatteryChangedReceiver();
    static TextView txt;
    @Override
    protected void onCreate(Bundle savedInstanceState) {
        super.onCreate(savedInstanceState);
        setContentView(R.layout.activity_main);
        txt = findViewById(R.id.txt);
    }
    @Override
    protected void onResume() {
        super.onResume();
        IntentFilter filter = new IntentFilter();
        filter.addAction(Intent.ACTION_BATTERY_CHANGED);
        registerReceiver(mBroadcastReceiver, filter);//动态注册广播
    }
    @Override
    protected void onPause(){//取消注册广播
        super.onPause();
        unregisterReceiver(mBroadcastReceiver);
    }
}
```

程序运行结果如图 6-10 所示。

图 6-10　例 6-7 的程序运行结果

动 手 实 践

项目 1　后台音乐播放器

【项目描述】

程序运行时在后台自动播放音乐，停止运行时音乐结束播放，运行结果如图 6-11 所示。

图 6-11　后台音乐播放器

【项目目标】

熟练使用 Service。

项目2　简单计算器

【项目描述】

利用远程服务通信完成一个简单计算器，程序运行结果如图 6-12 所示。

图 6-12　简单计算器

【项目目标】

熟练掌握服务 Service 的远程通信。

项目3 闹钟

【项目描述】

利用系统 Service 与 BroadcastReceiver 完成一个定时闹钟与循环闹钟，界面布局如图 6-13 所示。单击"3 秒后闹钟开启"按钮，将在 3 秒后播放一段音乐；单击"每隔 3 秒开启闹钟"按钮，每 3 秒后会播放同一段音乐；单击"取消循环闹钟"按钮，则"每隔 3 秒开启闹钟"功能取消。

图 6-13 闹钟

【项目目标】

熟练掌握 BroadcastReceiver 的使用方法。

巩 固 训 练

一、单选题

1. Activity 绑定 Service 的方法是(   )。

   A. bindService   B. startService   C. onStart   D. onBind

2. 按照 Service 运行的位置来分，可以将 Service 分为(   )。

   A. 前台服务和后台服务   B. 本地服务和远程服务

   C. 启动式服务和绑定式服务   D. 广播服务和普通服务

3. Android 开发中的四大组件是(   )。

   A. ContentProvider、Activity、Service 和 BroadcastReceiver

   B. ContentProvider、Activity、Intent 和 BroadcastReceiver

   C. ContentProvider、Activity、Intent 和 Service

   D. Activity、Intent、Service 和 BroadcastReceiver

4. 下列关于服务说法中正确的是(　　)。

    A. 如果只是想要启动一个后台服务长期进行某项任务，那么调用 startService 即可

    B. 停止服务时必须调用 stopService 方法

    C. stopService 与 unbindService 不可以同时使用

    D. 不在通知栏显示 ONGOING 的 Notification 对应的服务是前台服务

5. 下列选项中，关于本地服务的说法中不正确的是(　　)。

    A. 本地服务依附于主进程

    B. 主进程被 Kill 后，本地服务便会终止

    C. 本地服务在一定程度上节约了资源

    D. 提供系统服务的 Service 通常是本地服务

6. 通过 startService 方法启动服务时，Service 的(　　)方法会首先被回调。

    A. onBind   B. onStartCommand

    C. onRunning   D. onStart

7. 无论如何启动服务，Service 的(　　)方法都会被回调。

    A. onCreate 和 onStart   B. onStart 和 onDestroy

    C. onCreate 和 onDestroy   D. onStart 和 onStop

8. 下列关于服务的使用场景中，说法不正确的是(　　)。

    A. 服务具有较长时间的运行特性

    B. 服务一定不依赖于用户可视的 UI 界面

    C. 可以在 Service 中注册广播接收器，在其他地方通过发送广播来控制它

    D. 天气更新、日期同步、邮件同步等应用中都使用到了 Service 组件

9. 使用服务时，需要将服务在(　　)中声明。

    A. AndroidManifest.xml   B. Activity 源代码

    C. 布局文件   D. 资源文件

10. Service 基类中的唯一抽象方法是(　　)。

    A. onStartCommand   B. onCreate

    C. onBind   D. onDestroy

11. 下列选项中，关于使用 startService 启动的服务，说法不正确的是(　　)。

    A. 如果 Service 是第一次启动，首先会回调 onCreate()方法

    B. onStartCommand(Intent intent, int flags, int startId)回调函数将在 onCreate 方法后执行

    C. 再次调用 startService 启动服务时，将只执行 onStartCommand(Intent intent, int flags, int startId)

    D. 调用多少次 startService 启动服务，就需要多少次 stopService()，才可将此 Service 终止

12. 当某 Service 需要对其他 App 开放时，需要设置(　　)。

    A. android:exported="true"   B. android:enabled="true"

    C. android:isolatedProcess="true"   D. android:permission="true"

13. 从被创建开始，到它被销毁为止，Service 的生命周期有(　　)条不同的路径。

    A. 5   B. 4   C. 3   D. 2

14. 下列关于被绑定的 Service 的说法中，不正确的是(　　)。

    A. 被绑定的 Service 是由其他组件调用 bindService()来创建的

    B. 绑定者可以通过一个 IBinder 接口和 Service 进行通信

    C. 一个 Service 可以同时和多个 Clients 绑定，只要有一个 Client 解除绑定，系统就会销毁该 Service

    D. 绑定者可以通过 unbindService()方法来关闭这种连接

15. 下列关于 Service 的生命周期说法中，不正确的是(　　)。

    A. Service 整体的生命周期从 onCreate()被调用开始，到 onDestroy()方法返回为止

    B. Service 活动的生命周期是从 onStartCommand()或 onBind()被调用开始的

    C. 如果 Service 从 onStartCommand()开始，那么它的活动生命周期先于整个生命周期结束

    D. 如果 Service 从 onBind 绑定开始，那么它的活动生命周期是在 onUnbind()方法返回后结束

16. 下列选项中，能够在 Activity 中获取到 Service 对象的是(　　)。

    A. 通过 bindService 得到　　　　　　　B. 通过直接实例化得到

    C. 通过 startService 获取　　　　　　　D. 通过 getService 获取

17. Android 中关于 Service 生命周期的 onCreate()和 onStart()说法，正确的是(　　)。

    A. 当第一次启动的时候不会调用 onCreate()方法

    B. 当第一次启动的时候会先调用 onCreate()和 onStart()方法

    C. 如果 Service 已经启动，只会执行 onStart()方法，不再执行 onCreate()方法

    D. 以上答案都不对

18. 下列方法中，不属于 Service 生命周期的是(　　)。

    A. onResume()　　　　B. onStart()　　　　C. onStop()　　　　D. onDestory()

19. 使用 AIDL 完成远程 Service 方法调用，下列说法不正确的是(　　)。

    A. aidl 对应的接口名称不能与 aidl 文件名相同

    B. aidl 的文件的内容类似 Java 代码

    C. 创建一个 Service(服务)，在服务的 onBind(Intent intent)方法中返回实现了 aidl 接口的对象

    D. aidl 对应的接口的方法前面不能加访问权限修饰符

20. 开发人员可以从 Activity 或者其他应用程序组件通过传递 Intent 对象(指定要启动的服务)到(　　)方法启动服务。

    A. startService()　　　B. onStartCommand()　　C. Intent()　　　　D. onBind()

21. 继承 BroadcastReceiver 会重写(　　)方法。

    A. onReceiver()　　　B. onUpdatev()　　　　C. onCreate()　　　　D. onStart()

22. 关于 BroadcastReceiver 的说法不正确的是(　　)。

    A. 是用来接收广播 Intent 的

    B. 一个广播 Intent 只能被一个订阅了此广播的 BroadcastReceiver 所接收

    C. 对于有序广播，系统会根据接收者声明的优先级别按顺序逐个执行接收者

    D. 接收者声明的优先级别在 android:priority 属性中声明，数值越大优先级别越高

23. 下面在 AndroidManifest.xml 文件中注册 BroadcastReceiver 的方式正确的是(　　)。

```
A. <receiver android:name="NewBroad">
   <intent-filter>
    <action android:name="android.provider.action.NewBroad"/><action>
   </intent-filter>
   </receiver>
```
```
B. <receiver android:name="NewBroad">
   <intent-filter>
     android:name="android.provider.action.NewBroad"/>
   </intent-filter>
   </receiver>
```
```
C. <receiver android:name="NewBroad">
   <action  android:name="android.provider.action.NewBroad"/> <action>
   </receiver>
```
```
D. <intent-filter>
   <receiver android:name="NewBroad">
       <action> android:name="android.provider.action.NewBroad"/> <action>
   </receiver>
   </intent-filter>
```

二、多选题

1. Android 通过 startService 的方式开启服务，关于 Service 生命周期的 onCreate()和 ontart()说法，正确的是(　　)。

    A. 当第一次启动的时候，先后调用 onCreate()和 onStart()方法

    B. 当第一次启动的时候，只会调用 onCreate()方法

    C. 如果 Service 已经启动，将先调用 onCreate()和 onStart()方法

    D. 如果 Service 已经启动，只会执行 onStart()方法，不再执行 onCreate()方法

2. 如果需要从客户端绑定服务，需要完成以下(　　)操作。

    A. 当系统调用 onServiceConnected()回调方法时，就可以使用接口定义的方法调用服务

    B. 调用 unbindService()方法解除绑定

    C. 实现 ServiceConnection，这需要重写 onServiceConnected()和 onServiceDisconnected()两个回调方法

    D. 调用 bindService()方法，传递 ServiceConnection 实现

3. 使用 Toast 来显示消息提示框，只需要经过以下(　　)步骤即可实现。

    A. 创建一个 Toast 对象

    B. 加载布局文件

    C. 调用 Toast 类提供的方法来设置该消息提示框的对齐方式、页边距、显示的内容等

    D. 调用 Toast 类的 show()方法显示消息提示框

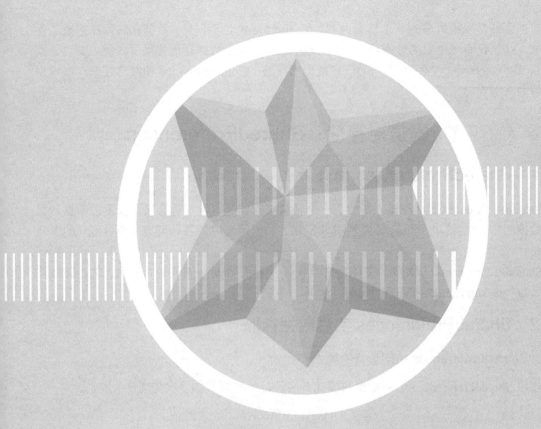

第 7 章

数 据 存 储

教学目标

- 了解 Android 中的数据存储方式及特点。
- 掌握使用 SharedPrefence 存取数据的方法。
- 掌握以文件方式取数据的方法。
- 学会使用 SQLite 数据库存取数据。
- 掌握 SQLiteOpenHelper 的使用方法。
- 了解 ContentProvider 的应用。

数据存储是应用程序的一个核心内容，在 Android 中也不例外。数据存储可以把数据保存起来，以便我们在使用的时候可以读取。在 Android 中，数据存储提供了 5 种方式，分别是 SharedPreference、文件存储、SQLite 数据库存储、ContenProvider 和网络存储，本章主要讲解前三种存储方式。

7.1 键值对存储：SharedPreferences

7.1.1 SharedPreferences 简介

SharedPreferences 是 Android 平台下一个轻量级存储类，特别适合保存少量的数据，且这些数据的格式(字符串型和基本类型)非常简单，如应用程序的各种配置信息、用户的密码等信息。

SharedPreferences 以 XML 文件存储数据，保存的数据是键值对。XML 文件存放在 /data/data/<package name>/shared_prefs 目录下。

7.1.2 SharedPreferences 实现数据存储

1. SharedPreferences 访问数据的模式

使用 SharedPreferences 访问数据的模式有四种，每种模式的含义如表 7-1 所示。

表 7-1   模式的取值及含义

模 式	含 义
MODE_PRIVATE	私有模式，表示仅创建 SharedPrefences 的程序对其具有读取、写入权限
MODE_WORLD_READABLE	全局读，表示创建程序可以对其进行读取和写入，其他应用程序也具有读取权限，但没有写入权限
MODE_WORLD_WRITEABLE	全局写，所有应用程序都可以对其进行写入操作，但都没有读取操作的权限
MODE_WORLD_READABLE+MODE_WORLD_WRITEABLE	全局读写，表示指定该 SharedPreferences 的访问模式为既可全局读，也可以全局写

2. 使用 SharedPreferences 保存数据

(1) 获取 SharedPreferences 对象。

通过 Context 的 getSharedPreferences()方法可以获取 SharedPreference 对象，格式如下：

```
public SharedPreference getSharedPreferences(String name, int mode);
```

参数说明：

name 是用来指定保存数据的 XML 文件的名字；mode 是指定存取模式，它的取值如表 7-1 所示。

(2) 获取 Editor 对象。

使用 SharedPreferences 读写数据必须使用 Editor 对象提供的方法对 XML 文件进行修

改，获取 Editor 对象要调用 SharedPreferences 对象的 Editor 方法，格式如下：

```
public Editor SharedPreferences 对象.Editor();
```

(3) 保存数据。

通过 Editor 对象的 putXxx 方法可以保存键值对数据，其中 Xxx 表示不同类型的数据。格式如下：

```
Editor.putXxx("键",值);
```

例如，editor 对象.putString("name","张三")，把数据"张三"放入键名为 name 的变量中。

(4) 调用 Editor 对象的 commit()方法提交数据，如果数据不提交是不会保存的，该方法格式如下：

```
Editor 对象.commit();
```

3. 使用 SharedPreferences 读取数据

(1) 获取 SharedPreferences 对象。

通过 Context 提供的 getSharedPreferences()方法来获取 SharedPreference 对象，该方法格式如下：

```
public SharedPrefence getSharedPreferences(String name, int mode);
```

(2) 调用 SharedPreferences 对象的 getXxx()方法获取数据，Xxx 表示数据类型，该方法格式如下：

```
SharedPreferences 对象.getXxx("键",默认值);
```

例如，SharedPreferences 对象.getInt("age",100); 这句代码的含义是读取键名为 age 的键的值，如果该键不存在则返回 100。

【例 7-1】编写一个仿 QQ 登录功能，能够让用户选择保存用户名和密码。如果选择了保存，单击登录时则使用 SharedPreferences 保存用户名和密码，同时下次登录时自动显示用户名和密码。如果选择不保存，则不保存用户名和密码。

(1) 创建名称为 Ex7_1 的新项目，包名为 com.ex7_1。

(2) 修改布局文件 activity_main.xml，代码如下：

```xml
<?xml version="1.0" encoding="utf-8"?>
<LinearLayout xmlns:android="http://schemas.android.com/apk/res/android"
    xmlns:app="http://schemas.android.com/apk/res-auto"
    xmlns:tools="http://schemas.android.com/tools"
    android:id="@+id/relativeLayout"
    android:orientation="vertical"
    android:layout_width="match_parent"
    android:layout_height="match_parent"
    android:padding="10dp"
    tools:context=".MainActivity">
    <ImageView
        android:id="@+id/imageView"
        android:layout_width="80dp"
```

```
        android:layout_height="80dp"
        android:layout_gravity="center_horizontal"
        android:layout_marginTop="50dp"
        android:src="@drawable/qq" />
    <EditText
        android:id="@+id/et1"
        android:layout_width="match_parent"
        android:layout_height="wrap_content"
        android:hint="请输入账号"
        android:layout_marginTop="50dp"
        />
    <EditText
        android:id="@+id/et2"
        android:layout_width="match_parent"
        android:layout_height="wrap_content"
        android:hint="请输入密码" />
    <CheckBox
        android:layout_width="wrap_content"
        android:layout_height="wrap_content"
        android:id="@+id/checkbox1"
        android:text="保存账号密码" />
    <Button
        android:id="@+id/bt1"
        android:layout_width="match_parent"
        android:layout_height="wrap_content"
        android:layout_marginTop="100dp"
        android:text="登录" />
</LinearLayout>
```

(3) 修改类文件 MainActivity.java 的代码如下:

```java
package com.example.Ex7_1;
import androidx.appcompat.app.AppCompatActivity;
import android.content.SharedPreferences;
import android.os.Bundle;
import android.view.View;
import android.widget.Button;
import android.widget.CheckBox;
import android.widget.EditText;
import android.widget.Toast;
public class MainActivity extends AppCompatActivity {
    //定义对象及变量
    private EditText et1;
    private EditText et2;
    private Button bt1;
    private CheckBox c1;
    SharedPreferences sp=null;//定义一个首选项变量
    @Override
    protected void onCreate(Bundle savedInstanceState) {
        super.onCreate(savedInstanceState);
```

```
        setContentView(R.layout.activity_main);
        //获取控件
        et1 = (EditText)findViewById(R.id.et1);
        et2 = (EditText)findViewById(R.id.et2);
        bt1 = (Button)findViewById(R.id.bt1);
        c1=findViewById(R.id.checkbox1);
        sp=getSharedPreferences("aa", 0);
        //显示保存的用户名和密码
        et1.setText(sp.getString("yhm", null));
        ct2.setText(sp.getString("mima", null));
        c1.setChecked(sp.getBoolean("ck",false));
        //添加监听器
        bt1.setOnClickListener(new View.OnClickListener() {
            @Override
            public void onClick(View view) {
                //1.读取用户名和密码文本框中的内容
                String yhm=et1.getText().toString();
                String mima=et2.getText().toString();
                //2.判断复选框是否选中
                if(c1.isChecked())
                {
                    //保存用户名和密码
                    SharedPreferences.Editor e=sp.edit();//获取 Editor 对象
                    e.putString("yhm",yhm );
                    e.putString("mima", mima);
                    e.putBoolean("ck", true);
                    e.commit();//提交数据
                }else
                {
                    //把用户名和密码保存为 null(即删除原来保存的用户名和密码)
                    SharedPreferences.Editor e=sp.edit();//获取 Editor 对象
                    e.putString("yhm",null );
                    e.putString("mima", null);
                    e.putBoolean("ck", false);
                    e.commit();//提交数据
                }
                //3.登录成功: 在屏幕上显示登录成功
                Toast.makeText(MainActivity.this, "登录成功", 1).show();
            }
        });
    }
}
```

(4) 运行程序，结果如图 7-1 所示。当用户输入账号和密码并选中“保存账号密码”复选框，单击“登录”按钮后，重新运行程序，结果如图 7-2 所示；当用户输入账号和密码但没有选中“保存账号密码”复选框，单击“登录”按钮，重新运行程序后，结果如图 7-1 所示。

图 7-1　例 7-1 程序运行结果　　　　图 7-2　保存账号密码

7.2　文　件　存　储

虽然 SharedPreferences 存取数据非常简单，但是它只适用于存储数据量较少的数据。对于大量数据的存储，我们可以使用文件存储。文件存储分为内部存储和外部存储。

7.2.1　内部存储

内部存储用来存储数据量较小的数据，是将应用中的数据保存在设备的内部存储空间。使用内部存储方式保存数据时，文件保存在/data/data/<包>/files/目录下，内部存储的特点是，创建的文件只能被创建文件的程序自己使用，当该程序写入后文件自动被删除。注意内部存储不是内存。内部存储位于系统中很特殊的一个位置，它也是系统本身和系统应用程序主要的数据存储所在地，一旦内部存储空间耗尽，手机也就无法使用了。所以对于内部存储空间，我们要尽量避免使用。

Android 中文件的读写可以使用 Context 提供的两个方法 openFileInput() 和 opentFileOutpu()，这两个方法的格式如下：

```
FileInputStream openFileInput(String name);
FileOutputStream openFileOutput(String name, int mode);
```

openFileOutput()方法用于打开应用程序对应的输出流，把数据从文件中读出。其中，openFileInput()方法用于打开应用程序中对应的输入流，把数据存储到指定的文件中；参数 name 表示文件名，name 中只需给出文件名不用给路径，mode 表示文件的操作模式，它的取值如表 7-2 所示。

表 7-2　mode 的取值及含义

参　　数	含　　义
MODE_PRIVATE=0	私有模式，默认的操作模式，该文件只能被当前应用程序读写，该模式下写入的内容会覆盖源文件的内容

参　数	含　义
Mode_APPEND=32768	追加模式，如果文件已经存在，则在文件的结尾处添加数据
MODE_WORLD_ReadABLE=1	全局读模式，允许任何程序读取文件
MODE_WORLD_WRITEABLE=2	全局写模式，允许任何程序写入文件

【例 7-2】使用内部存储读写用户密码。

(1) 创建名称为 Ex07_02 的新项目，包名为 com.example.ex07_02。

(2) 修改布局文件 activity_main.xml 的代码如下：

```xml
<?xml version="1.0" encoding="utf-8"?>
<androidx.constraintlayout.widget.ConstraintLayout
    xmlns:android="http://schemas.android.com/apk/res/android"
    xmlns:app="http://schemas.android.com/apk/res-auto"
    xmlns:tools="http://schemas.android.com/tools"
    android:layout_width="match_parent"
    android:layout_height="match_parent"
    tools:context=".MainActivity">
    <EditText
        android:id="@+id/editText1"
        android:layout_width="0dp"
        android:layout_height="wrap_content"
        android:ems="10"
        android:inputType="textPersonName"
        android:text=""
        android:textSize="25sp"
        app:layout_constraintEnd_toEndOf="parent"
        app:layout_constraintStart_toStartOf="parent"
        app:layout_constraintTop_toTopOf="parent" />
    <Button
        android:id="@+id/button1"
        android:layout_width="wrap_content"
        android:layout_height="wrap_content"
        android:layout_marginTop="19dp"
        android:layout_marginEnd="16dp"
        android:layout_marginRight="16dp"
        android:text="保存密码"
        android:textSize="25sp"
        app:layout_constraintEnd_toEndOf="parent"
        app:layout_constraintStart_toEndOf="@+id/button2"
        app:layout_constraintTop_toBottomOf="@+id/editText1" />
    <Button
        android:id="@+id/button2"
        android:layout_width="wrap_content"
        android:layout_height="wrap_content"
        android:layout_marginEnd="23dp"
        android:layout_marginRight="23dp"
        android:text="读取密码"
        android:textSize="25sp"
        app:layout_constraintBaseline_toBaselineOf="@+id/button1"
        app:layout_constraintEnd_toStartOf="@+id/button1"
```

```
        app:layout_constraintHorizontal_chainStyle="packed"
        app:layout_constraintStart_toStartOf="parent" />
</androidx.constraintlayout.widget.ConstraintLayout>
```

(3) 修改类文件 MainActivity.java 的代码如下：

```
package com.my.ex7_2;
import androidx.appcompat.app.AppCompatActivity;
import android.os.Bundle;
import android.util.Log;
import android.view.View;
import android.widget.Button;
import android.widget.EditText;
import android.widget.Toast;
import java.io.BufferedReader;
import java.io.FileInputStream;
import java.io.FileOutputStream;
import java.io.IOException;
import java.io.InputStreamReader;
public class MainActivity extends AppCompatActivity {
    //定义对象和变量
    Button b1,b2;
    EditText e1;
    @Override
    protected void onCreate(Bundle savedInstanceState) {
        super.onCreate(savedInstanceState);
        setContentView(R.layout.activity_main);
        //获取对象
        b1=(Button) findViewById(R.id.button1);
        b2=(Button) findViewById(R.id.button2);
        e1=(EditText) findViewById(R.id.editText1);
        //添加监听器
        b1.setOnClickListener(new View.OnClickListener() {
            public void onClick(View v) {
                // TODO Auto-generated method stub
                //1.读取文本框中的内容
                String mima=e1.getText().toString();
                //2.保存文本框中输入的内容
                FileOutputStream fos=null;//定义输出流对象 fos
                try {
                  //打开 pwd.txt 文件的输出流，设置文件模式为私有模式
                    fos=openFileOutput("pwd.txt", MODE_PRIVATE);
                    fos.write(mima.getBytes());//把密码写入 pwd.txt 文件中
                    fos.flush();
                    fos.close();
                    Toast.makeText(MainActivity.this,"密码保存成功", 1).show();
                } catch (Exception e) {
                    // TODO Auto-generated catch block
                    e.printStackTrace();
                }
                finally{
                    if(fos!=null) {
                        try {
                            fos.close();
                        } catch (IOException e) {
                            e.printStackTrace();
```

```
                }
            }
        }
    }
});
b2.setOnClickListener(new View.OnClickListener() {
    public void onClick(View v) {
        // TODO Auto-generated method stub
        //1.定义输入流对象
        FileInputStream fis = null;
        Log.i("tag","111111111111");
        //2.读取文件中保存的密码，并显示
        try {
            //打开指向pwd.txt文件的输入流
            fis=openFileInput("pwd.txt");
            String mima = "";
            byte[]buf=new byte[fis.available()];
            fis.read(buf);
          mima=new String(buf);
            Log.i("tag","111111111111"+mima);
            //显示读出的密码
            Toast.makeText(MainActivity.this, mima, 1).show();
        } catch (Exception e) {
            // TODO Auto-generated catch block
            e.printStackTrace();
        }
    }
});
    }
}
```

(4) 运行程序，结果如图 7-3 所示，输入信息后单击"保存密码"按钮保存信息。单击"读取密码"按钮，密码将显示在屏幕上，如图 7-4 所示。打开 File Explorer 中的 data/data/com.my.ex7_2 文件夹，可以看到数据文件 pwd.txt 位于如图 7-5 所示的位置。

图 7-3　例 7-2 的程序运行结果

图 7-4　读取信息

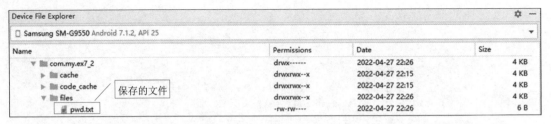

图 7-5　文件保存的位置

7.2.2　外部存储

外部存储是指将文件存储在一些外部存储器上，主要用来保存数据量较大的数据(在模拟器上文件的存储位置为 mnt/sdcard。例如一些歌曲、视频或下载的比较大的文件，就需要保存在外部存储器上。外部存储保存的数据是全局可读的，可以被其他应用程序共享。现在的手机将机身存储(手机自身带的存储叫作机身存储)在概念上分成了"内部存储"和"外部存储"两部分。对外部存储的文件进行操作时需要调用 Environment 类的 getExternalStorageState()方法判断外部存储器是否可用，并且外部存储保存文件时，需要在 AndroidManifest.xml 文件中添加如下权限：

```
<uses-permission android:name="android.persmission.READ_EXTERNAL_STORAGE">
<uses-permission android:name="android.persmission.WRITE_EXTERNAL_STORAGE">
```

需要注意的是，对于外部存储方式来说，不同厂商生产的手机，文件存储的位置不同，夜神模拟器中文件存储的位置为 storage\emulated\0 文件夹。

【例 7-3】使用外部存储读写用户密码。

(1) 创建工程 Ex7_3，包名为 com.my.Ex7_3。

(2) 编写布局文件 activity_main.xml 的代码，其代码与例 7-2 的布局代码相同。

(3) 修改 MainActivity.java 的代码如下：

```
package com.my.ex7_3;
import androidx.appcompat.app.AppCompatActivity;
import android.os.Bundle;
import android.os.Environment;
import android.util.Log;
import android.view.View;
import android.widget.Button;
import android.widget.EditText;
import android.widget.Toast;
import java.io.BufferedReader;
import java.io.File;
import java.io.FileInputStream;
import java.io.FileOutputStream;
import java.io.IOException;
import java.io.InputStreamReader;
public class MainActivity extends AppCompatActivity {
    //定义对象和变量
    Button b1,b2;
    EditText e1;
    @Override
```

```java
protected void onCreate(Bundle savedInstanceState) {
    super.onCreate(savedInstanceState);
    setContentView(R.layout.activity_main);
    //获取对象
    b1=(Button) findViewById(R.id.button1);
    b2=(Button) findViewById(R.id.button2);
    e1=(EditText) findViewById(R.id.editText1);
    //添加监听器
    b1.setOnClickListener(new View.OnClickListener() {
        public void onClick(View v) {
            String s= Environment.getExternalStorageState();
            if(s.equals(Environment.MEDIA_MOUNTED))
            {
                File path=Environment.getExternalStorageDirectory();
                File file=new File(path,"pwd.txt");
                Log.i("tag",file.getAbsolutePath());
            //1.读取文本框中的内容
            String mima=e1.getText().toString();
            //2.保存文本框中输入的内容
            FileOutputStream fos=null;//定义输出流对象 fos
            try {
                //打开 pwd.txt 文件的输出流，设置文件模式为私有模式
                fos=new FileOutputStream(file);
                fos.write(mima.getBytes());//把密码写入 pwd.txt 文件中
                fos.flush();
                Toast.makeText(MainActivity.this,"密码保存成功", 1).show();
            } catch (Exception e) {
                // TODO Auto-generated catch block
                e.printStackTrace();
            }
            finally {
                if (fos != null) {
                    try {
                        fos.close();
                    } catch (IOException e) {
                        e.printStackTrace();
                    }
                }
            }

            }
        }
    });
    b2.setOnClickListener(new View.OnClickListener() {
        public void onClick(View v) {
            String s= Environment.getExternalStorageState();
            if(s.equals(Environment.MEDIA_MOUNTED))
            {
                File path=Environment.getExternalStorageDirectory();
                File file=new File(path,"pwd.txt");
                //定义输入流对象 fis
```

```
                    FileInputStream fis=null;
                    try {
                        //打开 pwd.txt 文件的输出流，设置文件模式为私有模式
                        fis=new FileInputStream(file);
                        BufferedReader br = new BufferedReader(new
                                            InputStreamReader(fis));
                        String data = br.readLine();
                        Toast.makeText(MainActivity.this,data, 1).show();
                    } catch (Exception e) {
                        // TODO Auto-generated catch block
                        e.printStackTrace();
                    }
                    finally {
                        if (fis != null) {
                            try {
                                fis.close();
                            } catch (IOException e) {
                                e.printStackTrace();
                            }
                        }
                    }
                }
            });
        }
}
```

(4) 打开 AndroidManifest.xml 文件，添加文件读写权限，具体代码如下：

```
<uses-permission android:name="android.persmission.READ_EXTERNAL_STORAGE">
<uses-permission android:name="android.persmission.WRITE_EXTERNAL_STORAGE">
```

(5) 运行程序，效果见例 7-2。打开 File Explorer 中的 storage\emulated\0 文件夹，可以看到数据文件 pwd.txt 位于如图 7-6 所示的位置。

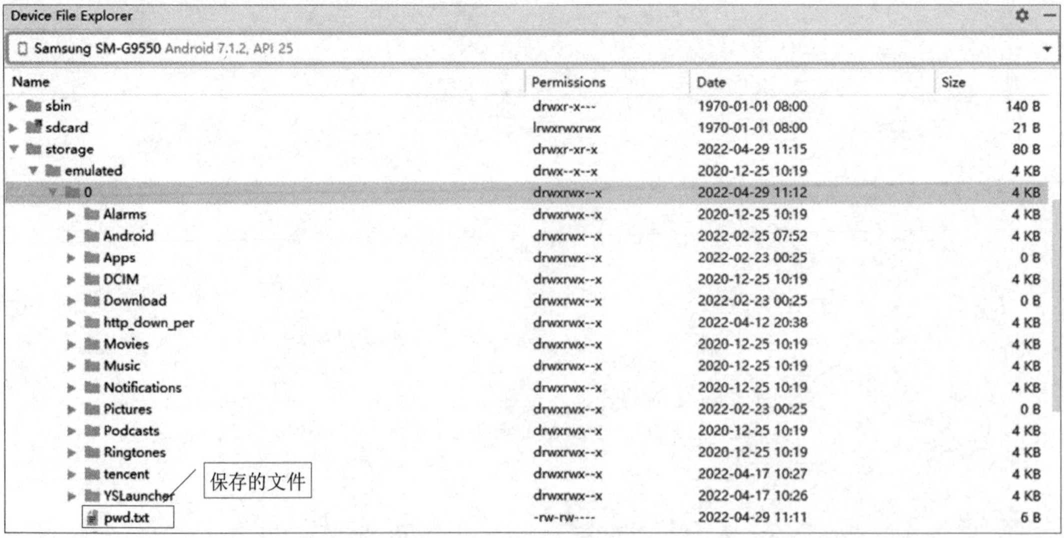

图 7-6   文件存储位置

7.3 SQLite 数据库存储

文件或 SharedPreferences 适合存储一些简单的数据，如果要存储大量的数据，并对其进行管理、升级、维护等，有可能还要随时添加、查看和更新数据，就需要使用 SQLite 数据库来存储数据了。SQLite 数据库是在 Android 平台上集成的一个嵌入式的关系型数据库。

7.3.1 SQLite 数据库简介

SQLite 是一款轻型的数据库，SQLite 容量非常小，具备比较完整的关系型数据库的功能。它的设计目标是嵌入式的，而且目前已经在很多嵌入式产品中使用了，它占用资源非常低，在嵌入式设备中，可能只需要几千字节的内存就够了。

7.3.2 SQLite 数据库的相关类

在 Android 中可以使用 jdbc 访问 SQLite 数据库，但是 Android 也同样提供了几个数据库操作的类对 SQLite 数据库进行操作，使用这些类访问 SQLite 会非常方便，这几个类分别是 SQLiteOpenHelper 类、SQLiteDatabase 类和 Cursor 接口。

1. SQLiteOpenHelper 类

SQLiteOpenHelper 是一个抽象类，使用它可以非常方便地对 SQLite 数据库进行操作，它主要有两个作用，一是通过调用它的方法可以得到一个 SQLiteDatabase 数据库对象；二是可以使用它的 onCreate()和 onUpgrade()方法在创建和升级数据库时做一些操作，用这个类创建的数据库位于 data/data/包名/database 目录下。它的常用方法介绍如下。

(1) public SQLiteDatabase getReadableDatabase();
该方法用来打开一个可读的数据库，如果数据库不存在，调用该方法会建立一个数据库。

(2) public SQLiteDatabase getWriteableDatabase();
该方法用来打开一个可写的数据库，如果数据库不存在，调用该方法会建立一个数据库。

(3) public void onCreate(SQLiteDatabase db);
该方法在数据库创建时执行(第一次连接获取数据库对象时执行)。

(4) public void onUpgrade(SQLiteDatabase db, int newVersion, int oldVersion);
该方法在数据库更新时执行(版本号改变时执行)。

- db 表示要更新的数据库名称。
- newVersion 表示数据库新版本号。
- oldVersion 表示数据库老版本号。

(5) public void onOpen(SQLiteDatabase db);
该方法在数据库每次打开时执行(每次打开数据库时在 onCreate()、onUpgrade()方法执行完之后会执行该方法。

(6) close();
该方法的作用是关闭数据库，每次用完数据库后必须调用该方法关闭数据库。

(7) public SQLiteOpenHelper(Context context, Sring name, CursorFactory factory, int

version);

该方法为 SQLiteOpenHelper 的构造方法。

- context 表示当前的上下文。
- name 表示数据库名称。
- factory 表示游标，一般取值为空。
- version 表示数据库的版本号。

2. SQLiteDatabase 类

SQLiteDatabase 类就是描述 SQLite 数据库的类，一个 SQLiteDatabase 类的对象就是一个 SQLite 数据库，该类提供了访问数据库的方法，可以对数据库进行增删改查。SQLiteDatabase 类的常用方法如下。

(1) public long insert(String table, String nullColumnHack, ContenValues values)方法用来向数据库中插入一条记录，其参数说明如下。

- table：代表插入数据的表名。
- nullColumnHack：可选参数，用于指定 values 参数为空时，将哪个字段设置为 null，如果 values 不为空，该参数可以设置为 null。
- values：代表要插入的记录的字段及字段值。它是一个键值对。

例如，下面一段代码的功能是向 s.mdb 数据库的 info 表中插入一条记录，姓名为张伟，性别为男：

```
//打开一个可写的数据库，并把该数据库赋值给 db
SQLiteDatabase db = h.getWritableDatabase(MainActivity.this,"s.mdb",null,1);
ContentValues values = new ContentValues();    //创建 ContentValues 对象
values("name","张伟");                        //把数据添加到 values 中
values("sex","男");
db.insert("info",null,values);               //插入一条记录到表 info 中
db.close();                                  //关闭数据库
```

(2) public int delete(String table, String whereClause, String[] whereArgs)方法用来删除数据库中的一条记录，其参数说明如下。

- table：代表要删除数据的表名。
- whereClause：用于指定条件语句，可以使用占位符(?)。
- whereArgs：当条件语句 whereClause 中使用了占位符时，用来指定每个占位符的值，如果不包含占位符，则该参数的值为 null。

例如，下面一段代码的功能是从 s.mdb 数据库的 info 表中删除学号为 1001 的记录：

```
SQLiteDatabase db = h.getWritableDatabase(MainActivity.this,"s.mdb",null,1);
db.delete("info","code=?",new String[]{"1001"})
db.close();
```

(3) public int update(String table, ContentValues values, String whereClause, String[] whereArgs)方法的作用是修改指定的记录，其参数说明如下。

- table：代表要修改数据的表名。
- values：代表要更新的字段及字段值。它是一个键值对。
- whereClause：用于指定条件语句，可以使用占位符(?)。

- whereArgs：当条件语句 whereClause 中使用了占位符时，用来指定每个占位符的值，如果不包含占位符，则该参数的值为 null。

例如，下面一段代码的功能是从 s.mdb 数据库的 info 表中把姓名为张三的记录改名为李四：

```
SQLiteDatabase db = h.getWritableDatabase(MainActivity.this,"s.mdb",null,1);
ContentValues values = new  ContentValues();
values("name","张三");
db.update("info",values,"name=?",new String[]{"李四"});
db.close();
```

(4) public Cursor query(String table, String[] columns, String selection, String[] selectionArgs, String groupBy, String having, String orderBy)方法用来查询数据，其参数说明如下。

- table：代表数据表名。
- columns：表示要查询的列名。若为空，则返回所有的列。
- selection：用于指定 where 子句，即指定查询条件，可以使用占位符(?)。
- selectionArgs：当 selection 参数中使用了占位符时，用来指定每个占位符的值，如果 selection 参数不包含占位符，则该参数的值为 null。
- groupBy：用户指定分组方式。
- having：用于指定 having 条件。
- orderBy：用于指定排序条件。

例如，下面的代码用来查询表 info 中姓名叫张三的记录，并把姓名显示出来：

```
SQLiteDatabase db = h.getWritableDatabase(MainActivity.this,"s.mdb",null,1);
Cursor cursor = db.query("info",null,"name=?",new String[]{"张三"},
                         null,null,null);
cursor.moveToNext();
String name = cursor.getString("name");
Toast.makeText("MainActivity.this","姓名: "+name,1).show();
cursor.close;
db.close();
```

(5) public SQLiteDatabase execSQL(String sql)方法的功能是用来执行 SQL 语句。对数据库中的数据进行增删改时，除了前面介绍的 3 种方法完成外，还可以通过 execSQL 方法执行增删改的 SQL 语句来完成。

这里 sql 表示要执行的 SQL 语句，可以是 insert、delete 或 update 等。

例如，下面的代码是向表 info 中插入一条姓名为张三、性别为男的记录：

```
SQLiteDatabase db = h.getWritableDatabase(MainActivity.this,"s.mdb",null,1);
Sting sql = "insert into info(name,sex) values('张三','男')";
db.execSQL(sql);
db.close();
```

(6) rawQuery(String sql)方法通过执行 SQL 语句来完成数据库的查询。

这里 sql 表示用来查询的 SQL 语句。

例如，下面的代码用来查询表 info 中的所有记录：

```
SQLiteDatabase db = h.getWritableDatabase(MainActivity.this,"s.mdb",null,1);
String sql = "select * from info";
Cursor cousor=db.rawQuery(sql);
```

3. Cursor 接口

Cursor 又叫游标，主要用来保存 query 方法查询的结果，它是行的集合。一个 Cursor 可以理解为一张表，如表 7-3 所示。

表 7-3　Cursor 表对应的模型

空行		
学号	姓名	性别
201901	张伟	男
201902	孙丽	女
201903	王莽	男

当我们用 query 方法查询到数据并把查询到的数据赋值给一个 Cursor 对象时，它指向第一行前面的空行，我们可以调用 Cursor 的对象提供的方法使其指向某一行，Cursor 对象指向哪一行，我们才能访问哪一行的数据。Cursor 提供的常用方法如下。

(1) moveToFirst()：移动光标到第一行。

(2) moveToLast()：移动光标到最后一行。

(3) moveToNext()：移动光标到下一行。

(4) moveToPrevious()：移动光标到上一行。

(5) moveToPosition(int position)：移动光标到一个绝对的位置。

(6) getColumnIndex(String columnName)：返回指定列的索引。

(7) getInt(int Index)：返回当前行中类型为 int、索引为 Index 列的值。

(8) getString(int Index)：返回当前行中类型为 String、索引为 Index 列的值。

7.3.3　使用 SQLiteOpenHelper 操作 SQLite 数据库

(1) 创建一个类 Helper，继承 SqliteOpenHelper 类。

① 创建 Helper 类的构造方法。

② 重写 Helper 类的 onCreate 方法，在 onCreate 方法中编写创建表的代码。

③ 重写 onUpgrade 方法，该方法一般用来编写更新数据库的语句。

(2) 调用 Helper 类的 getReadableDatabase()或 getWritableDatabase()，可以得到一个可读或可写的数据库对象 db。

(3) 调用 db 对象的增删改查方法完成增删改查操作。

【例 7-4】编写一个学生管理系统，单击不同的按钮完成不同的功能。

(1) 创建名称为 Ex07_04 的新项目，包名为 com.example.ex07_04。

(2) 修改布局文件 activity_main.xml 的代码如下：

```
<?xml version="1.0" encoding="utf-8"?>
<androidx.constraintlayout.widget.ConstraintLayout
    xmlns:android="http://schemas.android.com/apk/res/android"
```

```xml
    xmlns:app="http://schemas.android.com/apk/res-auto"
    xmlns:tools="http://schemas.android.com/tools"
    android:layout_width="match_parent"
    android:layout_height="match_parent"
    tools:context=".MainActivity">
<TextView
    android:id="@+id/textView1"
    android:layout_width="match_parent"
    android:layout_height="wrap_content"
    android:layout_marginLeft="20dp"
    android:layout_marginRight="25dp"
    android:layout_marginTop="104dp"
    android:text="        学 号          姓 名          性 别        "
    android:textSize="20dp"
    app:layout_constraintBottom_toTopOf="@+id/textView2"
    app:layout_constraintStart_toStartOf="parent"
    app:layout_constraintTop_toTopOf="parent" />
<TextView
    android:id="@+id/textView2"
    android:layout_width="match_parent"
    android:layout_height="250dp"
    android:layout_marginLeft="20dp"
    android:layout_marginRight="25dp"
    android:background="#F4CACA"
    android:text="请单击查询按钮显示数据"
    android:textSize="20sp"
    app:layout_constraintEnd_toEndOf="parent"
    app:layout_constraintHorizontal_bias="0.421"
    app:layout_constraintStart_toStartOf="parent"
    app:layout_constraintTop_toBottomOf="@+id/textView1" />
<Button
    android:id="@+id/button1"
    android:layout_width="wrap_content"
    android:layout_height="wrap_content"
    android:layout_marginStart="20dp"
    android:layout_marginLeft="20dp"
    android:layout_marginTop="20dp"
    android:text="查询"
    android:textSize="20sp"
    app:layout_constraintHorizontal_chainStyle="spread"
    app:layout_constraintStart_toStartOf="parent"
    app:layout_constraintTop_toBottomOf="@+id/textView2" />
<Button
    android:id="@+id/button2"
    android:layout_width="wrap_content"
    android:layout_height="wrap_content"
    android:layout_marginLeft="5dp"
    android:text="添加"
    android:textSize="20sp"
    app:layout_constraintBottom_toBottomOf="@+id/button1"
    app:layout_constraintLeft_toRightOf="@+id/button1"
```

```
        app:layout_constraintTop_toTopOf="@+id/button1" />
    <Button
        android:id="@+id/button3"
        android:layout_width="wrap_content"
        android:layout_height="wrap_content"
        android:layout_marginLeft="5dp"
        android:text="修改"
        android:textSize="20sp"
        app:layout_constraintBottom_toBottomOf="@+id/button2"
        app:layout_constraintStart_toEndOf="@+id/button2"
        app:layout_constraintTop_toTopOf="@+id/button2"
        app:layout_constraintVertical_bias="1.0" />
    <Button
        android:id="@+id/button4"
        构android:layout_width="wrap_content"
        android:layout_height="wrap_content"
        android:layout_marginLeft="5dp"
        android:text="删除"
        android:textSize="20sp"
        app:layout_constraintBottom_toBottomOf="@+id/button3"
        app:layout_constraintLeft_toRightOf="@+id/button3"
        app:layout_constraintTop_toTopOf="@+id/button3" />
    <TextView
        android:id="@+id/textView3"
        android:layout_width="wrap_content"
        android:layout_height="wrap_content"
        android:layout_marginStart="20dp"
        android:layout_marginLeft="20dp"
        android:layout_marginTop="48dp"
        android:text="请输入学号："
        app:layout_constraintStart_toStartOf="parent"
        app:layout_constraintTop_toTopOf="parent" />
    <EditText
        android:id="@+id/editTextTextPersonName"
        android:layout_width="wrap_content"
        android:layout_height="wrap_content"
        android:layout_marginStart="16dp"
        android:layout_marginLeft="16dp"
        android:ems="10"
        android:inputType="textPersonName"
        android:text=""
        app:layout_constraintBaseline_toBaselineOf="@+id/textView3"
        app:layout_constraintStart_toEndOf="@+id/textView3" />
</androidx.constraintlayout.widget.ConstraintLayout>
```

(3) 在项目的 src 包下创建名称为 DB 的包。

(4) 创建类 Helper，继承 SQLiteOpenHelper 类并重写构造方法、onCreate()方法和 onUpgrade()方法，Helper 类的代码如下：

```
public class Helper extends SQLiteOpenHelper{
    /*构造方法有四个参数
     * 1.Context:当前的上下文
```

```
 * 2.name:表示数据库的名字
 * 3.factory: 一般为空
 * 4.version:代表数据库的版本号，一般为整数1,2,3... *
 */
public Helper(Context context, String name, CursorFactory factory,
int version) {
    super(context, name, factory, version);
}
//oncreate:第一次打开数据库时调用，一般为创建表的代码
@Override
public void onCreate(SQLiteDatabase db) {
    // TODO Auto-generated method stub
    String sql="create table st(xh int PRIMARY KEY,xm varchar(20),xb
varchar(2))";
    db.execSQL(sql);//执行 SQL 语句
    }
@Override
public void onUpgrade(SQLiteDatabase db, int oldVersion, int newVersion)
{
    // TODO Auto-generated method stub
    Log.i("aaa","数据库更新");
    }
}
```

(5) 创建一个 Activity 类，文件名为 Add.java，用来完成记录的添加，并将布局文件指定为 activity_add.xml，效果如图 7-7 所示。

① activity_add.xml 布局文件的代码如下所示：

```
<?xml version="1.0" encoding="utf-8"?>
<androidx.constraintlayout.widget.ConstraintLayout
    xmlns:android="http://schemas.android.com/apk/res/android"
    xmlns:app="http://schemas.android.com/apk/res-auto"
    xmlns:tools="http://schemas.android.com/tools"
    android:layout_width="match_parent"
    android:layout_height="match_parent"
    tools:context=".Add">
    <TextView
        android:id="@+id/textView1"
        android:layout_width="0dp"
        android:layout_height="50dp"
        android:background="@color/purple_500"
        android:gravity="center"
        android:text="请输入学生信息"
        android:textColor="#ffffff"
        android:textSize="25sp"
        app:layout_constraintEnd_toEndOf="parent"
        app:layout_constraintStart_toStartOf="parent"
        app:layout_constraintTop_toTopOf="parent" />
    <TextView
        android:id="@+id/textView2"
        android:layout_width="wrap_content"
```

```
        android:layout_height="wrap_content"
        android:layout_marginStart="36dp"
        android:layout_marginLeft="36dp"
        android:layout_marginTop="36dp"
        android:text="学号"
        android:textSize="20sp"
        app:layout_constraintStart_toStartOf="parent"
        app:layout_constraintTop_toBottomOf="@+id/textView1" />
    <TextView
        android:id="@+id/textView3"
        android:layout_width="wrap_content"
        android:layout_height="wrap_content"
        android:layout_marginTop="60dp"
        android:text="姓名"
        android:textSize="20sp"
        app:layout_constraintStart_toStartOf="@+id/textView2"
        app:layout_constraintTop_toBottomOf="@+id/textView2" />
    <EditText
        android:id="@+id/editTextTextPersonName1"
        android:layout_width="wrap_content"
        android:layout_height="wrap_content"
        android:layout_marginStart="24dp"
        android:layout_marginLeft="24dp"
        android:ems="10"
        android:inputType="textPersonName"
        android:text=""
        app:layout_constraintBottom_toBottomOf="@+id/textView2"
        app:layout_constraintStart_toEndOf="@+id/textView2"
        app:layout_constraintTop_toTopOf="@+id/textView2" />
    <EditText
        android:id="@+id/editTextTextPersonName2"
        android:layout_width="wrap_content"
        android:layout_height="wrap_content"
        android:ems="10"
        android:inputType="textPersonName"
        android:text=""
        app:layout_constraintBottom_toBottomOf="@+id/textView3"
        app:layout_constraintStart_toStartOf="@+id/editTextTextPersonName1"
        app:layout_constraintTop_toTopOf="@+id/textView3" />
    <TextView
        android:id="@+id/textView6"
        android:layout_width="wrap_content"
        android:layout_height="wrap_content"
        android:layout_marginTop="68dp"
        android:text="性别"
        android:textSize="20sp"
        app:layout_constraintStart_toStartOf="@+id/textView3"
        app:layout_constraintTop_toBottomOf="@+id/textView3" />
    <EditText
        android:id="@+id/editTextTextPersonName3"
        android:layout_width="wrap_content"
```

```
        android:layout_height="wrap_content"
        android:ems="10"
        android:inputType="textPersonName"
        android:text=""
        app:layout_constraintBottom_toBottomOf="@+id/textView6"
        app:layout_constraintStart_toStartOf="@+id/editTextTextPersonName2"
        app:layout_constraintTop_toTopOf="@+id/textView6" />
    <Button
        android:id="@+id/button"
        android:layout_width="wrap_content"
        android:layout_height="wrap_content"
        android:layout_marginStart="16dp"
        android:layout_marginLeft="16dp"
        android:layout_marginTop="68dp"
        android:text="添加"
        app:layout_constraintStart_toEndOf="@+id/textView6"
        app:layout_constraintTop_toBottomOf="@+id/editTextTextPersonName3" />
</androidx.constraintlayout.widget.ConstraintLayout>
```

② activity 类的 Add.java 代码如下所示：

```java
public class Add extends AppCompatActivity {
    private EditText et1;
    private EditText et2;
    private EditText et3;
    private Button button;
    SQLiteDatabase db;
    Helper  h;
    @Override
    protected void onCreate(Bundle savedInstanceState) {
        super.onCreate(savedInstanceState);
        setContentView(R.layout.activity_add);
        getSupportActionBar().hide();
        et1 = (EditText) findViewById(R.id.editTextTextPersonName1);
        et2 = (EditText) findViewById(R.id.editTextTextPersonName2);
        et3 = (EditText) findViewById(R.id.editTextTextPersonName3);
        button = (Button) findViewById(R.id.button);
        h=new Helper(this,"stu.mdb",null,1);
        button.setOnClickListener(new View.OnClickListener() {
            @Override
            public void onClick(View v) {
                db=h.getWritableDatabase();
                String  xh=et1.getText().toString();
                String  xm=et2.getText().toString();
                String  xb=et3.getText().toString();
                ContentValues values=new ContentValues();
                values.put("xh",xh);
                values.put("xm",xm);
                values.put("xb",xb);
                long ii=db.insert("st",null,values);
                Toast.makeText(Add.this,"添加成功",1).show();
                db.close();
```

```
            finish();
        }
    });
    }
}
```

(6) 创建一个空的 Activity 类，名为 Update.java，用来完成记录的修改，并将布局文件指定为 activity_update.xml，效果如后面的图 7-12 所示。

① activity_update.xml 布局文件的代码如下所示：

```xml
<?xml version="1.0" encoding="utf-8"?>
<androidx.constraintlayout.widget.ConstraintLayout
    xmlns:android="http://schemas.android.com/apk/res/android"
    xmlns:app="http://schemas.android.com/apk/res-auto"
    xmlns:tools="http://schemas.android.com/tools"
    android:layout_width="match_parent"
    android:layout_height="match_parent"
    tools:context=".Add">
    <TextView
        android:id="@+id/textView1"
        android:layout_width="0dp"
        android:layout_height="50dp"
        android:background="@color/purple_500"
        android:gravity="center"
        android:text="请修改学生信息"
        android:textColor="#ffffff"
        android:textSize="25sp"
        app:layout_constraintEnd_toEndOf="parent"
        app:layout_constraintStart_toStartOf="parent"
        app:layout_constraintTop_toTopOf="parent" />
    <TextView
        android:id="@+id/textView2"
        android:layout_width="wrap_content"
        android:layout_height="wrap_content"
        android:layout_marginStart="36dp"
        android:layout_marginLeft="36dp"
        android:layout_marginTop="36dp"
        android:text="学号"
        android:textSize="20sp"
        app:layout_constraintStart_toStartOf="parent"
        app:layout_constraintTop_toBottomOf="@+id/textView1" />
    <TextView
        android:id="@+id/textView3"
        android:layout_width="wrap_content"
        android:layout_height="wrap_content"
        android:layout_marginTop="60dp"
        android:text="姓名"
        android:textSize="20sp"
        app:layout_constraintStart_toStartOf="@+id/textView2"
        app:layout_constraintTop_toBottomOf="@+id/textView2" />
    <EditText
```

```xml
            android:id="@+id/editTextTextPersonName1"
            android:layout_width="wrap_content"
            android:layout_height="wrap_content"
            android:layout_marginStart="24dp"
            android:layout_marginLeft="24dp"
            android:ems="10"
            android:inputType="textPersonName"
            android:text=""
            app:layout_constraintBottom_toBottomOf="@+id/textView2"
            app:layout_constraintStart_toEndOf="@+id/textView2"
            app:layout_constraintTop_toTopOf="@+id/textView2" />
    <EditText
            android:id="@+id/editTextTextPersonName2"
            android:layout_width="wrap_content"
            android:layout_height="wrap_content"
            android:ems="10"
            android:inputType="textPersonName"
            android:text=""
            app:layout_constraintBottom_toBottomOf="@+id/textView3"
            app:layout_constraintStart_toStartOf="@+id/editTextTextPersonName1"
            app:layout_constraintTop_toTopOf="@+id/textView3" />
    <TextView
            android:id="@+id/textView4"
            android:layout_width="wrap_content"
            android:layout_height="wrap_content"
            android:layout_marginTop="68dp"
            android:text="性别"
            android:textSize="20sp"
            app:layout_constraintStart_toStartOf="@+id/textView3"
            app:layout_constraintTop_toBottomOf="@+id/textView3" />
    <EditText
            android:id="@+id/editTextTextPersonName3"
            android:layout_width="wrap_content"
            android:layout_height="wrap_content"
            android:ems="10"
            android:inputType="textPersonName"
            android:text=""
            app:layout_constraintBottom_toBottomOf="@+id/textView6"
            app:layout_constraintStart_toStartOf="@+id/editTextTextPersonName2"
            app:layout_constraintTop_toTopOf="@+id/textView4" />
    <Button
            android:id="@+id/button"
            android:layout_width="wrap_content"
            android:layout_height="wrap_content"
            android:layout_marginStart="16dp"
            android:layout_marginLeft="16dp"
            android:layout_marginTop="68dp"
            android:text="修改"
            app:layout_constraintStart_toEndOf="@+id/textView4"
            app:layout_constraintTop_toBottomOf="@+id/editTextTextPersonName3" />
</androidx.constraintlayout.widget.ConstraintLayout>
```

② activity 类的 Update.java 代码如下所示:

```java
public class Update extends AppCompatActivity {
    private EditText et1;
    private EditText et2;
    private EditText et3;
    private Button button;
    SQLiteDatabase db;
    Helper h;
    @Override
    protected void onCreate(Bundle savedInstanceState) {
        super.onCreate(savedInstanceState);
        setContentView(R.layout.activity_update);
        h=new Helper(this,"stu.mdb",null,1);
        getSupportActionBar().hide();
        et1 = (EditText) findViewById(R.id.editTextTextPersonName1);
        et2 = (EditText) findViewById(R.id.editTextTextPersonName2);
        et3 = (EditText) findViewById(R.id.editTextTextPersonName3);
        button = (Button) findViewById(R.id.button);
        h=new Helper(this,"stu.mdb",null,1);
        button.setOnClickListener(new View.OnClickListener() {
            @Override
            public void onClick(View v) {
                db=h.getWritableDatabase();
                String xh=et1.getText().toString();
                String xm=et2.getText().toString();
                String xb=et3.getText().toString();
                ContentValues values=new ContentValues();
                values.put("xm",xm);
                values.put("xb",xb);
                long ii=db.update("st",values,"xh=?",new String[]{xh});
                Toast.makeText(Update.this,"修改成功",1).show();
                db.close();
                finish();
            }
        });
    }
}
```

(7) 修改主类文件 MainActivity.java 的代码如下:

```java
package com.example.xs;
import androidx.appcompat.app.AppCompatActivity;
import android.content.ContentValues;
import android.content.Intent;
import android.database.Cursor;
import android.database.sqlite.SQLiteDatabase;
import android.os.Bundle;
import android.util.Log;
import android.view.View;
import android.widget.Button;
import android.widget.EditText;
```

```java
import android.widget.TextView;
import android.widget.Toast;
public class MainActivity extends AppCompatActivity  implements
    View.OnClickListener {
    //定义控件
    private TextView tv;
    private Button button1;
    private Button button2;
    private Button button3;
    private Button button4;
    private EditText et1;
    Helper  h;
    SQLiteDatabase  db;
    String name;
    ContentValues values;
    @Override
    protected void onCreate(Bundle savedInstanceState) {
        super.onCreate(savedInstanceState);
        setContentView(R.layout.activity_main);
     //获取控件
        tv = (TextView) findViewById(R.id.textView2);
        button1 = (Button) findViewById(R.id.button1);
        button2 = (Button) findViewById(R.id.button2);
        button3 = (Button) findViewById(R.id.button3);
        button4 = (Button) findViewById(R.id.button4);
        et1 = (EditText) findViewById(R.id.editTextTextPersonName);
        button1.setOnClickListener(this);button2.setOnClickListener(this);
        button3.setOnClickListener(this);button4.setOnClickListener(this);
        h=new Helper(this,"stu.mdb",null,1);
    }
    @Override
    public void onClick(View v) {
        switch (v.getId())
        {
            case R.id.button1://显示
                show();
                break;
            case R.id.button2://添加
                Intent  i=new Intent(MainActivity.this,Add.class);
                startActivity(i);
                break;
            case R.id.button3://修改
                Intent  ii=new Intent(MainActivity.this,Update.class);
                startActivity(ii);
                break;
            case R.id.button4:
                //删除
                String xh=et1.getText().toString();
                db=h.getWritableDatabase();
                db.delete("st","xh=?",now String[]{xh});
                show();
```

```
            Toast.makeText(MainActivity.this,"删除成功",1).show();
            db.close();
        }
    }
    //重写onRestart()方法,在该方法中调用show()方法显示所有记录
    protected void onRestart() {
        super.onRestart();
        show();
    }
    /*定义一个方法,用来显示数据库中的记录*/
    void show()
    {
        db=h.getReadableDatabase();
        String data="";
        Cursor cursor=db.query("st",null,null,
            null,null,null,null);
        if(cursor.getCount()==0) {
            tv.setText("数据库中没有数据...");
            return;
        }
        while(cursor.moveToNext())
        {
            data=data+"    "+cursor.getString(0)+"        "
                +cursor.getString(1)+"            " +cursor.getString(2)+"\n";
        }
        tv.setText(data);
        db.close();
    }
}
```

(8) 运行程序。

第一次运行后效果如图 7-7 所示。单击"查询"按钮,如果数据库中没有数据,则显示如图 7-8 所示的效果,如果数据库中有数据,则直接显示数据在界面中。单击"添加"按钮,弹出如图 7-9 所示的添加记录的界面,输入信息单击"添加"按钮,返回主界面,如图 7-10所示。再次单击"添加"按钮,添加一条记录后返回主界面,效果如图 7-11 所示。

图 7-7 第一次程序运行结果　　图 7-8 查询数据　　图 7-9 添加记录　　图 7-10 添加一条记录

在主界面上输入一个学号 2022001，单击"修改"按钮，弹出如图 7-12 所示的修改学生信息界面，修改信息后单击"修改"按钮，返回主界面，效果如图 7-13 所示，在主界面上输入一个学号，单击"删除"按钮，则删除记录，效果如图 7-14 所示。如果要查询某一个人的信息，在主界面输入学号后，单击"查询"按钮即可。

图 7-11　添加两条记录　　图 7-12　修改记录　　图 7-13　修改记录后的效果　　图 7-14　删除记录

动 手 实 践

项目　图书管理系统

【项目描述】

编写一个图书管理系统，能完成图书信息的增删改查，要求学生的基本信息用 SQLite 数据库保存，显示图书的信息使用 ListView 控件，图书的基本信息包括书号、书名、作者、价格和出版社。

程序运行后的界面如图 7-15 所示；当单击"添加"按钮后，弹出如图 7-16 所示的添加图书界面，可以进行图书添加，添加完成后自动返回主界面并显示添加的记录。添加 4 本图书信息，主界面显示如图 7-17 所示；在图 7-17 中的某个图书上单击，弹出如图 7-18 所示的选项，当选择"删除"选项时，弹出如图 7-19 所示的删除记录对话框，单击"确定"按钮则删除图书信息，单击"取消"按钮则不删除并返回主界面。在图 7-18 中选择"修改"选项，则进入如图 7-20 所示的修改图书信息界面。

在图 7-15 所示的主界面上不输入任何内容，单击"查询"按钮，则查询所有图书并显示在下面的列表框中；如果在文本框中输入书名，例如"C 语言"，如图 7-21 所示，单击"查询"按钮，就会按照书名进行查询，并把查询到的图书显示在下面的列表框中，如图 7-22 所示，如果查询的图书不存在，则列表框中什么都不显示。

【项目目标】

掌握 SQLite 数据库的基本概念和相关类的使用方法，掌握 SQLite 数据库的增删改查；熟练掌握各种常见控件的使用；增强学生综合应用知识的能力。

图 7-15　程序运行结果

图 7-16　添加记录界面

图 7-17　添加记录后的
主界面

图 7-18　弹出选项

图 7-19　删除记录对话框

图 7-20　修改信息界面

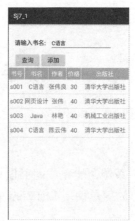
图 7-21　输入查询信息

图 7-22　显示查询结果

巩 固 训 练

一、单选题

1. Android 的文件操作中表示只能被本应用使用，写入文件会覆盖的权限是(　　)。
   A. MODE_APPEND　　　　　　　　　B. MODE_WORLD_READABLE
   C. MODE_WORLD_WRITEABLE　　　　D. MODE_PRIVATE

2. 读取文件内容的首要方法是(　　)。
   A. openFileOutput()　　　B. read()　　　C. write()　　　D. openFileInput()

3. 下列关于文件存取数据的基本步骤中，说法不正确的是(　　)。
   A. 文件存取数据时，首先需要调用 File 的构造方法创建文件对象
   B. 写文件时，需要用 FileOutputStream 创建文件输出流

C. 在用 File 存储数据时，用户只是在内部存储器中进行操作，所以不需要为程序配置相应的权限

D. 读文件时，需要用 FileReader 类构造输入流

4. 下列步骤中，不包括在写文件操作中的是(　　)。

A. 用 FileOutputStream 创建文件输出流

B. 使用 BufferedReader 构造带缓存的输入流

C. 使用 PrintStream(OutputStream out)构造函数创建 PrintStream 对象

D. 调用 PrintStream 类的 println(String str)方法完成写文件操作

5. 下列步骤中，无论读文件还是写文件都需要执行的操作是(　　)。

A. 创建文件输出流

B. 构造带缓存的输入流

C. 调用 BufferedReader 类的 readLine()读行

D. 关闭流对象

6. 下列权限中与文件操作有关的选项是(　　)。

A. WRITE_EXTERNAL_STORAGE

B. WRITE_CONTACTS

C. WRITE_SMS

D. READ_OWNER_DATA

7. 在使用 SQLiteOpenHelper 类时，建立数据表的代码一般写在(　　)方法中。

A. onCreate()　　　　B. onUpdate()　　　C. Close()　　　　D. Open()

8. 关于 SharedPreferences 文件的存放位置，说法正确的是(　　)。

A. /data/data//shared_prefs　　　　　B. /data//shared_prefs

C. /data/data/shared_prefs　　　　　D. SharedPr/data/data//shared_prefs

9. getSharedPreferences(name,mode)方法中的参数分别表示(　　)。

A. 第一个参数指定存储文件的名称(含后缀)；第二个参数指定文件的操作模式(4 个可选值)

B. 第一个参数指定存储文件的名称(不含后缀)；第二个参数指定文件的操作模式(3 个可选值)

C. 第一个参数指定存储文件的名称(含后缀)；第二个参数指定文件的操作模式(3 个可选值)

D. 第一个参数指定存储文件的名称(不含后缀)；第二个参数指定文件的操作模式(4 个可选值)

10. Android 中初始化 SharedPreferences 时，以下正确的是(　　)。

A. SharedPreferences sp = new SharedPreferences();

B. SharedPreferences sp = SharedPreferences.getDefault();

C. SharedPreferences sp = SharedPreferences.Factory();

D. SharedPreferences sp = getSharedPreferences("config", MODE_PRIVATE);

11. 在手机开发中，常用的数据库是(　　)。

A. SQLite　　　　　B. Oracle　　　　　C. SQL Server　　　D. DB23

12. 在多个应用中读取共享存储数据时,需要用到的 query()方法,是(　　)对象的方法。

    A. SQLiteDatabase   B. ContentPtovider

    C. Cursor   D. SQLiteHelper

13. 关于 SQLite 数据库,不正确的说法是(　　)。

    A. SQLiteOpenHelper 类主要是用来创建数据库和更新数据库的

    B. SQLiteDatabase 类是用来操作数据库的

    C. 在每次调用 SQLiteDatabase 的 getWritableDatabase() 方法时,会执行 SQLiteOpenHelper 的 onCreate 方法

    D. 当数据库版本发生变化时,可以自动更新数据库结构

14. 下列选项中,关于 SQLiteOpenHelper 说法不正确的是(　　)。

    A. SQLiteOpenHelper 类是一个抽象类

    B. 它可以帮助用户进行数据库操作

    C. 使用它必须实现 onCreate 方法

    D. 使用它必须实现 onCreate 和 onUpgrade 方法

15. 下列关于 SQLiteOpenHelper 类的常用方法说法中,不正确的是(　　)。

    A. close 用于关闭数据库

    B. getReadableDatabase 用于获取可写的数据库

    C. onCreate 当数据库第一次被建立的时候执行,用于创建数据表

    D. onUpgrade 当数据库需要被更新的时候执行,用于更新数据表

16. 下列关于 ContentValues 说法中,不正确的是(　　)。

    A. ContentValues 对象可以存储一些键值对

    B. ContentValues 中的键必须是字符串类型

    C. ContentValues 中存储的值应为基本数据类型

    D. ContentValues 与哈希表使用方法完全一样

17. 下列关于 SQLiteDatabase 说法中,不正确的是(　　)。

    A. SQLiteOpenHelper 对象调用 getReadableDatabase()可生成 SQLiteDatabase 对象

    B. 与其他关系型数据库相似,SQLiteDatabase 也可以实现数据的增删改查操作

    C. SQLiteDatabase 对象无法执行原生 SQL 语句

    D. SQLiteDatabase 在使用后需调用 close 方法关闭数据库

18. 使用 SQLiteOpenHelper 类时,它的(　　)方法是用来实现版本升级的。

    A.onCreate()   B.onCreade()   C.onUpdate()   D. onUpgrade()

19. 在 SharedPreferences 的方法中,使用(　　)方法可以得到一个编辑器 Editor 对象,然后通过这个 Editor 对象存储数据。

    A. editor()   B. getEditor()   C. edit()   D. getEdit ()

二、多选题

1. 下列属于 SharedPreferences 的四种操作模式的有(　　)。

    A. Context.MODE_PRIVATE

    B. Context.MODE_APPEND

    C. Context.MODE_WORLD_READABLE

　　　D. Context.MODE_WORLD_APPENDABLE

2. 在 Android 中使用 SQLiteOpenHelper 辅助类时，(　　)操作可能生成一个数据库。

　　A. getWriteableDatabase()　　　　　B. getReadableDatabase()

　　C. getDatabase()　　　　　　　　　　D. getAbleDatabase()

3. Android 数据存储与访问的方式有(　　)。

　　A. 文件　　　　　　B. 数据库　　　　　C. SharedPreferences　　　D. 内容提供者

4. 在 Android 中对数据库的表进行查询操作，用 SQLiteDatabase 类中的(　　)方法进行查询。

　　A. query()　　　　　B. execSQL()　　　C. insert()　　　　　　D. update()

5. 下列对 SharedPreferences 存取文件的说法中，正确的是(　　)。

　　A. 属于移动存储解决方案

　　B. SharedPreferences 处理的就是 key-value 对

　　C. 读取 XML 文件的路径是/sdcard/shared_prefx

　　D. 信息的保存格式是 XML

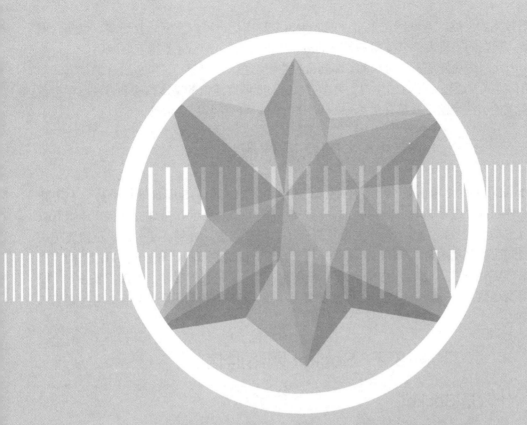

第 8 章

Android 网络通信

教学目标

● 掌握 Android 网络通信的概念和分类。

● 掌握 Get 方式和 Post 方式的异同。

● 学会使用 Socket 编写网络程序。

● 学会使用 HttpConnection 接口访问网络及提交数据。

● 学会编写网络通信程序。

随着技术的发展，互联网在手机中的应用越来越广泛，可以上网、打游戏、微信、网络购物等。现在的手机大部分使用的是 Android 操作系统，Android 是由互联网巨头 Google 开发的，因此网络功能是必不可少的。Android 的网络通信分为两种，即 Socket 通信方式和 HTTP 通信方式。通过本项目的学习，要学会 Android 网络通信的基本概念和方法，学会各种网络相关的类的用法，掌握使用 Socket 和 HTTP 编写网络程序的方法。

8.1　网络通信概述

Android 中的网络通信最常用的有 Socket 通信和 HTTP 通信。Socket 通信是基于 TCP/IP 协议的一种通信，进行 Socket 通信之前，需要双方使用 Socket 套接字建立连接，连接后双方都可以主动发送数据，连接建立之后一直保持非断开状态，直到连接关闭，不需要每次由客户端向服务器发送请求。HTTP 通信是基于 HTTP 协议的一种通信方式，HTTP 的方式为"请求-响应方式"，即客户端主动发起请求后，客户端和服务器建立连接，服务器才能向客户端发送数据，一次请求完毕后则断开连接，以节省资源，服务器不能主动向客户端发起响应。

8.2　Socket 网络通信

8.2.1　什么是 Socket

所谓 Socket，通常称为"套接字"，是网络通信的一种接口，用于描述 IP 地址和端口，是一个通信链的句柄，用于实现服务器和客户端的连接。计算机是有端口号的，每一个端口都有一个应用程序通信使用。例如 80 号端口是 HTTP 协议使用的端口，21 号端口是 FTP 协议使用的端口。端口号的取值范围为 0~65535，1~1024 号端口是操作系统使用，大于 1024 的端口才是给程序员使用的。

应用程序通过"套接字"向网络发送请求或应答请求。Socket 分为服务器端的 Socket 和客户端的 Socket，服务器端的 Socket 主要用于接收来自网络的请求，它一直监听某个端口上的通信；客户端 Socket 主要用来向网络发送数据。

8.2.2　Socket 的通信模式

使用 Socket 通信需要在通信的双方建立 Socket 对象。服务器端要求一个 ServerSocket 对象，客户端要求一个 Socket 对象。ServerSocket 用于监听来自客户端的连接，如果没有连接，它将一直处于等待状态。

8.2.3　ServerSocket 类和 Socket 类

1. ServerSocket 类

1) ServerSocket 对象的构造方法

(1) public ServerSocket(int port)。

(2) public ServerSocket(int port, int backlog)。

port 表示端口号，backlog 指定最大连接数，这两种方法都可以创建一个在 port 端口监听的 Socket 对象。

例如，创建一个 ServerSocket 对象，用来在 2000 号端口监听：

```
ServerSocket ss = new ServerSocket(2000);
```

2) 常用方法

(1) public accept()。

该方法一直等待，直到客户端发出请求或出现意外终止，返回一个 Socket 对象。

(2) public close()。

关闭 ServerSocket 服务。

2. Socket 类

1) 构造方法

(1) public Socket(String host, int port)。

(2) public Socket(InetAddress address, int port)。

port 用来指定端口，address 用来指定服务器地址。该方法在客户端指定的服务器地址和端口号建立一个 Socket 对象。

例如，创建一个连接到地址为 192.168.1.1 的服务器、端口号为 2000 的 Socket：

```
Socket s = new Socket("192.168.1.1", 2000);
```

2) 常用方法

(1) public void close()：关闭 Socket 连接。

(2) public InputStream getInputStream()：返回该 Socket 对象对应的输入流。

(3) public OutputStream getOutputStream()：返回该 Socket 对象对应的输出流。

在客户端程序可以通过 Socket 类的 getInputStream()方法获取服务器的输出信息，在服务器端可以通过 getOutputStream()方法获取客户端的输出流信息。

8.2.4 使用 Socket 通信流程

Socket 通信编程分为服务器端编程和客户端编程，服务器端编程和客户端编程的流程和步骤如下。

1. 服务器端

(1) 创建一个 ServerSocket 对象(指定端口号)。

(2) 在服务器端调用 ServerSocket 的 accept()方法，接受客户端发送的请求。

(3) 服务器端收到请求后，创建 Socket 对象与客户端建立连接。

(4) 建立输入/输出流，进行数据传输。

(5) 通信结束时，服务器端关闭流和 Socket。

2. 客户端

(1) 创建 Socket(指定服务器 IP 和端口号，与服务器端的端口号相同)。

(2) 与服务器连接(Android 中创建 Socket 时自动连接)。

(3) 客户端分别建立输入/输出流，进行数据传输。

(4) 通信结束时，客户端关闭流和 Socket。

【例 8-1】使用 Socket 在服务器和客户端通信，客户端向服务器发送一个请求，服务器接收到请求后向客户端发送一个字符串。

(1) 创建一个 Java 项目 ServerDemo 作为服务器端，在工程下创建一个包，名为 com.my.Ex8_1，在这个包中创建一个 Java 类 MyServer，代码如下：

```java
package com.my.Ex8_1;
import java.io.OutputStream;
import java.net.ServerSocket;
import java.net.Socket;
public class MyServer {
    public static void main(String[] args) {
        ServerSocket serverSocket=null;
        OutputStream os=null;
        Socket socket=null;
        try {
            System.out.println("等待客户端请求");
            //创建一个 ServerSocket 对象，在 2000 号端口监听
            serverSocket = new ServerSocket(2000);
            //采用循环接受客户端发送的请求
            while(true)
            {
            //调用 ServerSocket 对象的 accept()方法,接受客户端请求
                socket=serverSocket.accept();
                //从 Socket 中得到 outputStream
                os=socket.getOutputStream();
                //把数据写入到 OutputStream
                os.write("hello 客户端".getBytes("utf-8"));
                //关闭流和 socket 对象
                os.close();
                socket.close();
            }
        } catch (Exception e) {
            // TODO Auto-generated catch block
            e.printStackTrace();
        }
    }
}
```

(2) 创建一个 Android 应用程序 Ex8_1 作为客户端，修改 activity_main.xml 文件，代码如下：

```xml
<?xml version="1.0" encoding="utf-8"?>
<androidx.constraintlayout.widget.ConstraintLayout
    xmlns:android="http://schemas.android.com/apk/res/android"
    xmlns:app="http://schemas.android.com/apk/res-auto"
    xmlns:tools="http://schemas.android.com/tools"
    android:layout_width="match_parent"
    android:layout_height="match_parent"
```

```
        tools:context=".MainActivity">
    <EditText
        android:id="@+id/editTextTextPersonName"
        android:layout_width="match_parent"
        android:layout_height="wrap_content"
        android:layout_margin="20dp"
        android:layout_marginTop="50dp"
        android:ems="10"
        android:inputType="textPersonName"
        android:text=""
        android:textSize="25sp"
        android:textColor="#000000"
        app:layout_constraintStart_toStartOf="parent"
        app:layout_constraintTop_toTopOf="parent" />
    <Button
        android:id="@+id/button"
        android:layout_width="wrap_content"
        android:layout_height="wrap_content"
        android:layout_marginStart="42dp"
        android:layout_marginLeft="42dp"
        android:layout_marginTop="116dp"
        android:text="接收数据"
        android:textSize="25sp"
        app:layout_constraintStart_toStartOf="parent"
        app:layout_constraintTop_toTopOf="parent" />
    <Button
        android:id="@+id/button2"
        android:layout_width="wrap_content"
        android:layout_height="wrap_content"
        android:layout_marginStart="82dp"
        android:layout_marginLeft="82dp"
        android:layout_marginTop="47dp"
        android:layout_marginEnd="81dp"
        android:layout_marginRight="81dp"
        android:text="清空"
        android:textSize="25sp"
        app:layout_constraintEnd_toEndOf="@+id/editTextTextPersonName"
        app:layout_constraintStart_toEndOf="@+id/button"
        app:layout_constraintTop_toBottomOf="@+id/editTextTextPersonName" />
</androidx.constraintlayout.widget.ConstraintLayout>
```

(3) 为 Ex8_1 中的 MainActivity.java 编写代码，具体代码如下：

```
package com.my.Ex8_1;
import androidx.appcompat.app.AppCompatActivity;
import android.os.Bundle;
import android.util.Log;
import android.view.View;
import android.widget.Button;
import android.widget.EditText;
import java.io.BufferedReader;
import java.io.InputStream;
```

```java
import java.io.InputStreamReader;
import java.net.Socket;
public class MainActivity extends AppCompatActivity {
    //定义对象
    Button  btn1,btn2;
    EditText  et;
    String result="";//保存服务器传递过来的数据
    @Override
    protected void onCreate(Bundle savedInstanceState) {
        super.onCreate(savedInstanceState);
        setContentView(R.layout.activity_main);
        //获取对象
        et=findViewById(R.id.editTextTextPersonName);
        btn1=findViewById(R.id.button);
        btn2=findViewById(R.id.button2);
        //添加监听器
        btn1.setOnClickListener(new View.OnClickListener() {
            @Override
            public void onClick(View v) {
             //调用自定义方法 net()接收数据
                net();
            }
        });
        btn2.setOnClickListener(new View.OnClickListener() {
            @Override
            public void onClick(View v) {
             et.setText("");
            }
        });
    }
    private void net() {
        /*为什么要用线程
         * Android 4.0 以后访问网络的操作必须放在线程中完成*/
        new Thread(){public void run() {
            try {
                //创建一个 Socket 对象，指定服务器的 IP 地址和端口号
                Socket socket=new Socket("192.168.0.193",2000);
                //从 Socket 对象中得到 InputStream
                BufferedReader br=new BufferedReader
                        (new InputStreamReader(socket.getInputStream()));
                result=br.readLine();
                //调用 runOnUiThread 的原因是在子线程无法修改界面上的 UI
                MainActivity.this.runOnUiThread(new Runnable() {
                    @Override
                    public void run() {
                        et.setText(result);
                    }
                });
                //关闭连接
                socket.close();
```

```
        } catch (Exception e) {
            // TODO Auto-generated catch block
            e.printStackTrace();
        }
    };
    }.start();
}
}
```

(4) 打开 AndroidManifest.xml 文件，添加权限：

```
<uses-permission android:name="android.permission.INTERNET"/>
```

(5) 运行 ServerDemo 中的 MyServer 类，如图 8-1 所示。

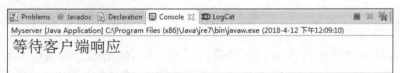

图 8-1　服务器运行

(6) 运行程序，结果如图 8-2 所示，单击"接收数据"按钮，将获取从服务器发送的数据"hello 客户端"并显示在文本框中，如图 8-3 所示，单击"清空"按钮即可，清空文本框中的内容。

图 8-2　例 8-1 的程序运行结果　　　　　　　图 8-3　接收数据

8.3　HTTP 网络通信

HTTP 是一种请求/响应式协议，当使用手机访问一个网站，例如访问新浪网站、腾讯网站时，使用的就是 HTTP 协议，使用 HTTP 协议进行通信的方式叫 HTTP 通信。手机使用 HTTP 协议访问 Web 网站的流程是，当手机要访问一个 Web 网站时，会通过浏览器向 Web 服务器发送一个请求，服务器接收到这个请求后，会把用户要访问的页面(数据)返回给手机。

8.3.1 Get 和 Post 请求方式

在 HTTP 通信中，访问网络的请求方式有两种，一是 Get 请求，一是 Post 请求。

1. Get 请求

Get 方式传送的特点是数据量较小，不能大于 2KB，安全性低，把要传递的参数直接放在 URL 地址的后面，格式为"url 地址?变量名 1=值 1&变量名 2=值 2..."；两个数据之间用&隔开。例如，要传递姓名和年龄两个参数，可以使用"url 地址?name=jack&age=20"实现，然后在服务器端获取数据。

2. Post 请求

Post 方式传送的数据量大，一般不受限制，安全性高，数据对用户不可见，提交的数据一般在 Post 请求中。

在 Android 中提供了两个 HTTP 通信的 API，即 HttpURLConnection 和 Apache 的 HttpClient，由于 Android 6.0 以后的版本已将 HttpClient 从 SDK 中移除，因此本书只介绍 HttpURLConnection。

8.3.2 HttpURLConnection

HttpURLConnection 位于 java.net 包中，用于发送 HTTP 请求和 HTTP 响应。由于 HttpURLConnection 类是一个抽象类，不能直接实例化，需要使用 URL 对象的 openConnection()方法获得。

例如，创建一个访问 http://www.qq.com 的 HttpURLConnection 对象 conn 的代码如下：

```
//第一步是创建 URL 对象
URL url = new URL("http://www.qq.com");
//第二步是创建 HttpURLConnection 对象
HttpURLConnection conn = (HttpURLConnectionurl).openConnection();
```

说明：　如果访问其他的网址，只需要把 http://www.qq.com 改为其他网址即可。

例如，创建一个访问 http://www.qq.com 的 HttpURLConnection 对象 conn 并以 Get 方式传递姓名为 zhangsan、年龄为 20 的代码如下：

```
URL  url = new URL("http://www.qq.com?name=zhangsan&age=20");
HttpURLConnection conn = (HttpURLConnectionurl).openConnection();
```

HttpURLConnection 的常用方法如表 8-1 所示。

表 8-1 HttpURLConnection 常见方法

方　法	描　述
int getResponseCode()	获取服务器的响应的代码，200 表示请求服务器成功
void setRequestMethod(method)	method 的值为 Get 或 Post
void setConnecttimeOut(time)	设置连接超时的时间，单位为 ms

HttpURLConnection 接口使用 Get 和 Post 方式进行通信的步骤基本相同，主要包括以下

几个步骤。

(1) 创建一个 HttpURLConnection 用来发送或接收数据。

(2) 设置发送 Get 或 Post 请求：

```
conn.setRquestMethod("GET|POST");   //GET 或 POST 必须大写
```

(3) 设置请求超时的时间：

```
conn.setConnectionTimeout(5000);   //设置请求超时的时间为 5000ms
```

(4) 获取服务器返回的状态代码，返回 200 表示成功：

```
int code=conn.getResponseCode();   //获取服务器返回的代码
```

(5) 对代码进行判断，如果代码为 200 则获取数据，数据是以流的方式返回：

```
if(code==200)
{
    //从服务器读数据或向服务器写数据(服务器返回的数据是以流的形式返回)
}
else
{
    //显示错误的提示信息
}
```

(6) 在 AndroidManifest.xml 文件中添加网络权限：

```
<uses-permission android:name="android.permission.INTERNET"/>
```

Post 请求除了上面几个步骤之外，要在第 5 步的后面加上两句代码设置请求头：

```
conn.setRequestProperty("Content-Type","application/x-www-form-urlencoded");
conn.setRequestProperty("Content-Lenth", data.length()+"");
```

第 2 句代码中的 data 为要传递的数据，格式为：变量名=值。具体参看例 8-2 的代码。

【例 8-2】编写程序使用 HttpURLConnection 接口以 Get 和 Post 方式向服务器发送密码，并显示服务器响应结果。程序界面如后面图 8-4 所示。

(1) 网络通信需要服务器，因此我们要先架设一个服务器，我们的服务器用的是 Tomcat 服务器，并在 Tomcat 的安装目录的 webapps 文件夹中建立一个 test 文件夹。在 test 下建立一个 tt.jsp 文件，编写代码如下：

```
<%@page language="java" import="java.util.*" pageEncoding="utf-8"%>
<%
String pwd = request.getParameter("pwd");
if(pwd.equals("123456"))
    out.print("密码正确");
else
    out.print("密码错误");
%>
```

(2) 创建一个工程 Ex8_2，修改主 Activity 的界面文件 activity_main.xml，编写代码如下：

```
<?xml version="1.0" encoding="utf-8"?>
<androidx.constraintlayout.widget.ConstraintLayout
    xmlns:android="http://schemas.android.com/apk/res/android"
```

```xml
    xmlns:app="http://schemas.android.com/apk/res-auto"
    xmlns:tools="http://schemas.android.com/tools"
    android:layout_width="match_parent"
    android:layout_height="match_parent"
    tools:context=".MainActivity">
    <TextView
        android:id="@+id/textView2"
        android:layout_width="wrap_content"
        android:layout_height="wrap_content"
        android:layout_marginStart="52dp"
        android:layout_marginLeft="52dp"
        android:layout_marginTop="60dp"
        android:text="密码"
        android:textSize="25sp"
        app:layout_constraintStart_toStartOf="parent"
        app:layout_constraintTop_toTopOf="parent" />
    <EditText
        android:id="@+id/editTextTextPersonName1"
        android:layout_width="wrap_content"
        android:layout_height="wrap_content"
        android:layout_marginStart="8dp"
        android:layout_marginLeft="8dp"
        android:ems="10"
        android:inputType="textPersonName"
        android:text=""
        android:textSize="25sp"
        app:layout_constraintBottom_toBottomOf="@+id/textView2"
        app:layout_constraintStart_toEndOf="@+id/textView2"
        app:layout_constraintTop_toTopOf="@+id/textView2"
        app:layout_constraintVertical_bias="0.45" />
    <Button
        android:id="@+id/button"
        android:layout_width="wrap_content"
        android:layout_height="wrap_content"
        android:layout_marginStart="80dp"
        android:layout_marginLeft="80dp"
        android:layout_marginTop="40dp"
        android:text="GET 提交"
        app:layout_constraintStart_toStartOf="parent"
        app:layout_constraintTop_toBottomOf="@+id/textView2" />
    <Button
        android:id="@+id/button2"
        android:layout_width="wrap_content"
        android:layout_height="wrap_content"
        android:layout_marginStart="44dp"
        android:layout_marginLeft="44dp"
        android:text="POST 提交"
        app:layout_constraintStart_toEndOf="@+id/button"
        app:layout_constraintTop_toTopOf="@+id/button" />
```

```
    <TextView
        android:id="@+id/textView3"
        android:layout_width="wrap_content"
        android:layout_height="wrap_content"
        android:layout_marginStart="108dp"
        android:layout_marginLeft="108dp"
        android:layout_marginTop="20dp"
        android:text="没有获得数据"
        android:textSize="25sp"
        app:layout_constraintStart_toStartOf="parent"
        app:layout_constraintTop_toBottomOf="@+id/button2" />
</androidx.constraintlayout.widget.ConstraintLayout>
```

(3) 修改主 Activity 的文件 MainActivity.java，编写代码如下：

```java
package com.my.ex8_2;
import androidx.appcompat.app.AppCompatActivity;
import android.os.Bundle;
import android.util.Log;
import android.view.View;
import android.widget.Button;
import android.widget.EditText;
import android.widget.TextView;
import android.widget.Toast;
import java.io.BufferedReader;
import java.io.IOException;
import java.io.InputStream;
import java.io.InputStreamReader;
import java.net.HttpURLConnection;
import java.net.URL;
public class MainActivity extends AppCompatActivity  implements
    View.OnClickListener{
    //定义对象
    Button btn1,btn2;
    EditText  et1;
    TextView  tv;
    String data="";
    protected void onCreate(Bundle savedInstanceState) {
        super.onCreate(savedInstanceState);
        setContentView(R.layout.activity_main);
        //获取对象
        btn1=findViewById(R.id.button);
        btn2=findViewById(R.id.button2);
        et1=findViewById(R.id.editTextTextPersonName1);
        tv=findViewById(R.id.textView3);
        //给按钮添加监听器
        btn1.setOnClickListener(this);
        btn2.setOnClickListener(this);
    }
    @Override
```

```
public void onClick(View v) {
    switch (v.getId())
    {
        case R.id.button://Get 方式提交
          get();
          break;
        case R.id.button2://Post 方式提交
          post();
          break;
    }
}
private void get() {
    new Thread(){
        @Override
        public void run() {
          try{
              //Get 方式发送数据
            //1.获取发送的数据
              String pwd=et1.getText().toString();
            //2.以 Get 方式发送数据并获取返回的数据
              //2.1 创建 HttpURLConnection 对象
              //定义要访问的网址并传递一个数据
              String path="http://192.168.0.193:8080/test/tt.jsp?pwd="+pwd;
              URL url=new URL(path);
              HttpURLConnection
               conn=(HttpURLConnection)url.openConnection();
              //2.2 设置以 Get 方式访问
              conn.setRequestMethod("GET");
              //2.3 设置请求超时的时间为 5000ms
              conn.setConnectTimeout(5000);
              //2.4 获取返回代码
              int code=conn.getResponseCode();
              //2.5 获取从服务器返回的数据，用输入流
              Log.i("1111",code+"aaa");
            if(code==200)
            { InputStream in=conn.getInputStream();
              byte []buf=new byte[4*1024];
              in.read(buf);
              data=new String(buf,"utf-8");
            }

              runOnUiThread(new Runnable() {
                  @Override
                  public void run() {
                      tv.setText(data);
                  }
              });
          }
        catch(Exception e)
```

```java
                {
                    e.printStackTrace();
                }
            }
        }.start();
}
private void post() {
    new  Thread(
    ){ @Override
    public void run() {
        try{
            //Post 方式发送数据
            //1.获取发送的数据
            String pwd=et1.getText().toString();
            //2.以 Post 方式发送数据并获取返回的数据
            //2.1 创建 HttpURLConnection 对象
            String path="http://192.168.0.193:8080/test/tt.jsp";
            //定义要提交的数据格式
            String data="pwd="+pwd;
            URL url=new URL(path);
            HttpURLConnection conn=(HttpURLConnection)url.openConnection();
            //2.2 设置请求方式为 Post
            conn.setRequestMethod("POST");
            //2.3 设置网络的超时时间为 5000ms
            conn.setConnectTimeout(5000);
            //2.4 比 Get 要多设置 2 个请求头
            conn.setRequestProperty("Content-Type",
                    "application/x-www-form-urlencoded");
            conn.setRequestProperty("Content-Lenth", data.length()+"");
            //2.5 把数据提交给服务器，以流的形式提交
            conn.setDoInput(true);
            //2.6 设置标记允许输出
            conn.getOutputStream().write(data.getBytes());
            //2.7 获取服务器返回的数据，以流的形式返回
            InputStream  in=conn.getInputStream();
                //把返回的字符流转换为字符串
            byte[] buffer=new byte[4*1024];
            int t=in.read(buffer);
            String  s=new String(buffer,"utf-8");
            runOnUiThread(new Runnable() {
                @Override
                public void run() {
                    tv.setText(s);
                }
            });
        }
        catch(Exception e)
        {
            e.printStackTrace();
```

```
        }
    }}.start();
    }
}
```

(4) 打开 AndroidManifest.xml 文件添加权限：

```
<uses-permission android:name="android.permission.INTERNET"/>
```

(5) 运行程序，结果如图 8-4 所示，在文本框中输入字符串，单击"POST 提交"按钮或"GET 提交"按钮，分别以 Post 方式或 Get 方式发送字符串到服务器，服务器接收到字符串后，若判断数据等于 123456，则返回字符串"密码正确"；服务器接收到数据后若判断数据不等于 123456，则返回字符串"密码错误"，程序接收到服务器返回的字符串后显示在 TextView 中，如图 8-5 和图 8-6 所示。

图 8-4　例 8-2 的程序运行结果　　图 8-5　密码错误的效果　　图 8-6　密码正确的效果

8.4　图片下载器

前面已经学习了用 HttpURLConnection 进行 HTTP 通信的相关知识，下面通过一个图片下载器案例，介绍如何从网上下载数据。

【例 8-3】制作图片下载器。

(1) 创建一个工程 Ex8_3，包名为 com.my.Ex8_3。

(2) 设计布局文件，给布局文件上添加一个 EditText、一个 ImageView 和一个 Button。布局文件 activity_main.xml 文件的代码如下：

```
<?xml version="1.0" encoding="utf-8"?>
<androidx.constraintlayout.widget.ConstraintLayout
    xmlns:android="http://schemas.android.com/apk/res/android"
    xmlns:app="http://schemas.android.com/apk/res-auto"
    xmlns:tools="http://schemas.android.com/tools"
    android:layout_width="match_parent"
    android:layout_height="match_parent"
    tools:context=".MainActivity">
    <EditText
        android:id="@+id/editTextTextPersonName"
        android:layout_width="match_parent"
```

```
        android:layout_height="wrap_content"
        android:ems="10"
        android:hint="请输入要下载的图片的网址"
        android:singleLine="false"
        android:textSize="25sp"
        app:layout_constraintEnd_toEndOf="parent"
        app:layout_constraintHorizontal_bias="0.0"
        app:layout_constraintStart_toStartOf="parent"
        app:layout_constraintTop_toTopOf="parent" />
    <Button
        android:id="@+id/button"
        android:layout_width="wrap_content"
        android:layout_height="wrap_content"
        android:layout_marginStart="39dp"
        android:layout_marginLeft="39dp"
        android:layout_marginTop="15dp"
        android:text="下载"
        android:textSize="25sp"
        app:layout_constraintStart_toStartOf="@+id/editTextTextPersonName"
        app:layout_constraintTop_toBottomOf="@+id/editTextTextPersonName"
        />
    <ImageView
        android:id="@+id/imageView1"
        android:layout_width="0dp"
        android:layout_height="0dp"
        android:src="@drawable/ic_launcher_background"
        app:layout_constraintLeft_toLeftOf="parent"
        app:layout_constraintRight_toRightOf="parent"
        app:layout_constraintBottom_toBottomOf="parent"
        app:layout_constraintTop_toBottomOf="@+id/button"
        />
</androidx.constraintlayout.widget.ConstraintLayout>
```

(3) 编写 MainActivity.java 文件，代码如下：

```
package com.my.ex8_3;
import androidx.annotation.NonNull;
import androidx.appcompat.app.AppCompatActivity;
import android.graphics.Bitmap;
import android.graphics.BitmapFactory;
import android.os.Bundle;
import android.os.Handler;
import android.os.Message;
import android.util.Log;
import android.view.View;
import android.widget.Button;
import android.widget.EditText;
import android.widget.ImageView;
import java.io.InputStream;
import java.net.HttpURLConnection;
import java.net.MalformedURLException;
```

```
import java.net.URL;
public class MainActivity extends AppCompatActivity {
    ImageView iv;
    EditText et;
    Button btn;
    Bitmap bitmap;
    String path;
    @Override
    protected void onCreate(Bundle savedInstanceState) {
        super.onCreate(savedInstanceState);
        setContentView(R.layout.activity_main);
        et=(EditText) findViewById(R.id.editTextTextPersonName);
        btn=(Button)findViewById(R.id.button);
        iv=(ImageView) findViewById(R.id.imageView1);
        btn.setOnClickListener(new View.OnClickListener() {
          public void onClick(View v) {
            new Thread(){
              @Override
            public void run() {
            try
            { String path=et.getText().toString();
              URL url = new URL(path);
            HttpURLConnection conn =(HttpURLConnection) url.openConnection();
                conn.setRequestMethod("GET");
                conn.setConnectTimeout(5000);
                int code=conn.getResponseCode();
                if(code==200)
                  {
                    InputStream in=conn.getInputStream();
                    //把流转换成Bitmap
                    bitmap=BitmapFactory.decodeStream(in);
                    runOnUiThread(new Runnable() {
                    @Override
                    public void run() {
                            iv.setImageBitmap(bitmap);
                    }
                  });
                  }
                } catch (Exception e) {
                  e.printStackTrace();
                }
            }
          }.start();
        }
      });
    }
}
```

(4) 添加网络权限。

(5) 运行程序，界面如图 8-7 所示，当在文本框中输入新浪首页上的一张图片地址并单击 "下载" 按钮时，图片将被下载下来，显示在 Image View 中，效果如图 8-8 所示。

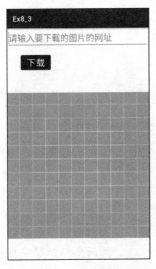
图 8-7　例 8-3 的程序运行结果

图 8-8　下载图像后的效果

动 手 实 践

项目　制作网页源码下载器

【项目描述】

制作网页源码下载器，程序运行结果如图 8-9 所示，当在界面上输入一个网页的地址并单击"查看源码"按钮时，则把源码显示在界面上的 TextView 中，效果如图 8-10 所示。

【项目目标】

掌握 HTTP 通信的方法及原理；掌握如何以 Get 方式及 Post 方式提交数据；学会用 HttpConnection 类从网络发送和接收数据。

图 8-9　项目的程序运行结果

图 8-10　下载网页源码的效果

巩 固 训 练

一、单选题

1. Android 中 HTTP 网络通信提交数据的方式有(   )。

A. Get 和 Post   B. Get 和 Submit   C. Post 和 Submit D. 不能确定

2. 在 HTTP 网络通信中，客户端向服务器提交数据后，服务器返回的代码若为(   )，则表示成功。

A. 200   B. 300   C. 400   D. 500

3. 数据是以(   )的方式在服务器和客户端传递的。

A. 字节   B. 字   C. 位   D. 流

4. 使用一个 HttpConnection 对象 conn 进行网络通信时，把网络延时的事件设置为 5 秒的代码是(   )。

A. conn.setConnecttimeOut(5)   B. conn.setConnecttimeOut(5000)

C. conn.setConnecttimeOut(500)   D. conn.setConnecttimeOut(50)

5. 以 Get 方式向网站 http://www.baidu.com 提交两个数据，分别是"张三"和"男"，提交数据的 URL 格式正确的是(   )。

A. "http://www.baidu.com?张三&男"

B. "http://www.baidu.com&张三&男"

C. "http://www.baidu.com?aa=张三&bb=男"

D. "http://www.baidu.com&aa=张三&bb=男"

6. 下面创建 Socket 语句正确的是(   )。

A. Scoket s = new   Socket(80)

B. ServerSocket s = new ServerSocket("192.168.0.1", 80)

C. ServerSocket s = new Socket(80)

D. Socket s = new Socket("192.168.0.1", 80)

二、填空题

1. 在 Socket 编程中，需要调用 ServerSocket 的_____方法，接收客户端发送的请求。

2. Android 中 HTTP 通信时访问网络的代码要写在_____里面。

3. 使用 URL 对象 url 创建一个连接到 http://www.myhome.org 的 HttpConnection 对象时，需要调用 URL 对象的_____方法。

4. 把一个 HttpConnection 对象的数据提交方式设置为 Get 方式的代码为_____。

5. 创建一个在 2000 号端口监听的 SeverSocket 对象 ss 的代码为 ServerSocket ss = _____。

参 考 文 献

[1] 毋建军，林瀚，梁立新. Android 应用开发案例教程[M]. 2 版. 北京：清华大学出版社，2021.

[2] 李斌. Android Studio 移动应用开发任务教程(微课版)[M]. 北京：人民邮电出版社，2020.

[3] 刘韬，郑海昊. Android StudioApp 边学边做微课视频版[M]. 北京：清华大学出版社，2020.

[4] 傅由甲，王勇，罗颂. Android 移动应用网络程序设计案例教程 Android Studio 版[M]. 北京：清华大学
出版社，2019.

[5] 张霞. Android 应用开发案例教程(Android Studio 版)[M]. 北京：人民邮电出版社，2019.

[6] 明日学院. Android 开发从入门到精通[M]. 北京：水利水电出版社，2019.

[7] 兰红，李淑芝. Android Studio 移动应用开发从入门到实践(微课版)[M]. 北京：清华大学出版社，2018.

[8] 黑马程序员. Android 移动开发基础案例教程[M]. 北京：人民邮电出版社，2017.

[9] 传智播客. Android 移动基础例教程[M]. 北京：中国铁道出版社，2017.

[10] 李华忠. Android 应用程序设计教程[M]. 北京：人民邮电出版社，2017.

[12] 付丽梅. Android 应用开发项目教程[M]. 大连：东软电子出版社，2017.

[12] 唐亮，周羽. 用微课学 Android 高级开发[M]. 北京：高等教育出版社，2016.

[13] 左军. Android 程序设计经典教程[M]. 北京：清华大学出版社，2015.

[14] 张伟华. Android 项目开发入门教程[M]. 北京：人民邮电出版社，2015.

[15] 任玉刚. Android 开发艺术探索[M]. 北京：电子工业出版社，2015.

[16] 蔡艳桃. Android App Inventor 项目开发教程[M]. 北京：人民邮电出版社，2014.

[17] 徐诚. 零点起飞学 Android 开发[M]. 北京：清华大学出版社，2013.

[18] 张思民. Android 应用程序设计[M]. 北京：清华大学出版社，2013.